日本の生命科学は なぜ周回遅れとなったのか

国際的筋肉学者の回想と遺言

杉晴夫

光文社新書

はじめに

国際陸上競技の長距離走のテレビ中継でしばしば見られることであるが、我が国の選手はまずスタートダッシュをかけて、選手集団の先頭に立つ。このため、この選手はテレビ画面で大写しになり、大変かっこよい。しかし間もなくこの選手は後続する選手集団に追いつかれ、飲み込まれて所在がわからなくなる。私は「ああやはり実力不足だな」と思い、しばらくテレビから目を離した後、再びテレビ画面を見ると、なんと選手集団に飲み込まれて画面から消えていた選手が、また先頭を走っているではないか。

私は驚き、いったん集団に飲み込まれた選手が奮起して再び先頭に立ったか、と心の中で歓喜の声をあげる。しかしすぐにこれは間違いであることに気付く。この選手は遅れに遅れてついに選手集団に対し周回遅れとなり、見かけ上、選手集団の先頭を走っているように見えたのである。

私はこうしたテレビ中継の場面を見ると、我が国の生命科学の興亡の歴史を連想せずにはいられない。


我が国は鎌倉時代以来、政治の実権が「清廉潔白」を旨とする武士階級に握られており、また元寇《げんこう》の経験により、人々に国家意識、国民意識が確立していた。このため我が国は、武士階級の人々に主導された明治維新により「富国強兵」を実現し、欧米諸国に蹂躙《じゅうりん》されることなく近代国家への変身を成し遂げたアジアで唯一の国となった。

この際、我が国への欧米の科学・技術の導入は、公平無私な立場で選抜された優秀な若者たちの欧米への留学と、国内に新設された教育機関へのお雇い外国人学者の招聘《しょうへい》によって見事に成し遂げられ、その結果、直ちに生命科学史に名を刻む巨人たちが輩出した。

しかし、この輝かしい成果は、その達成後、すぐに破壊されてゆく。

この主な原因を列記すれば、

（一）独創的研究を評価せず、他人の成功を妬《ねた》む我が国の国民性
（二）学問分野の研究を推進すべき大学の教授たちの利己的な性格による後継者の矮小化
（三）利己的な教授たちの提案を唯々諾々と受け入れる政府の人々の見識の欠如

などである。近年はこれに加えて、

（四）我が国の真に独創的な研究を評価し、これを広く報道すべき新聞の科学欄や学術雑誌の編集者たちの能力の著しい劣化

がある。

特にこれらの原因のうち（三）と（四）については、私が六十余年の研究生活で痛切に体験してきたことである。本書では、その私自身が経験した出来事を、一部は伏せつつもできるだけ具体的に紹介しようと思う。これは長い生涯を研究者であり続けた私でなければ書けない事柄であり、本書を類書から分かつ最大の特徴である。

また、本書執筆中の二〇二一年現在、生命科学の応用部門である、感染症に対するワクチ

ン開発の我が国の世界に対する周回遅れや、厚生労働省（厚労省）による国外で開発された薬物の許認可の無意味な遅れなどが明らかになり、政治家を憤激させている。この問題からは、欧米諸国ではすでに実現している鍼灸《しんきゅう》技術への医療保険の適用が、厚労省の頑なな態度により、鍼灸の本家である我が国ではまだ拒否されていることが連想される。それについても記した。

さらに我が国の生命科学にとって深刻な問題は、近年文部科学省（文科省）により強行された国立大学の独立行政法人化と、これに伴う競争的研究資金制度である。これは営利会社の経営原理を、生命の神秘に挑戦すべき生命科学分野に持ち込んだもので、我が国の生命科学分野の若い研究者の独創の芽生えを完全に断ち切りつつある。

生命科学分野における文科省の、ゲノム研究への偏重は、ＤＮＡ二重ラセンの発見者、ジエームス・ワトソンの特異な性格に振り回されたためで、この結果、にわかに脚光を浴びた我が国の非生産的な分子生物学者による研究費の浪費と、研究者育成環境の荒廃をもたらした。

本書の終わりに私は、このように絶望の淵に落とされた我が国の国際的周回遅れの生命科学を、若い独創性に富む研究者の力で救い出す方策を提案する。

本書を、広く研究者を含む一般読者ばかりでなく、科学行政に携わる我が国の政府機関の方々にも読んでいただき、我が国の生命科学の再発展に役立てていただくことを願って止まない。

日本の生命科学はなぜ周回遅れとなったのか

目次

第十二章　我が国の生命科学再建のための基本方策　277

第十三章　我が国の生命科学振興のための具体策の提言　297

本文図版作成・キンダイ

第一章　明治維新による欧米の学問の我が国への移植

本章ではまず、十二世紀から十三世紀にかけて、我が国の政治が武士の手に委《ゆだ》ねられたことを指摘する。

他のアジア諸国では、中国に見られるように、国家は皇帝あるいは王の支配下にあり、実際に政治を行うのは文官で、我が国の武士にあたる武官は、国家を外敵から守るという使命の重要さにもかかわらず、一段低い地位に置かれていた。政府の高官は、儒教の経典の学識で「科挙」の試験に及第すれば、私利私欲のままに蓄財に励み、政治を蔑《ないがし》ろにした。この結果、中国の王朝はしばしば北方の異民族に征服された。また満州族による征服王朝であった清は、欧米諸国に国土を蚕食《さんしょく》された。

これに対し我が国は、実際の政治は武士が行い、朝廷は官職を授与する形式的な権威を持つに過ぎなかった。そして近代の欧米諸国のアジアへの進出の際、国家の独立を保ちながら欧米の文明の移植に短期間で成功したアジア唯一の国となった。黒船の来航に際し、代々門閥の恩恵で我が国の政治の頂点にあった徳川幕府の高官たちは、周章狼狽《しゅうしょうろうばい》なすところを知らず、強権をふるった大老、井伊《いい》直弼《なおすけ》が暗殺されると、幕府の高官による事態の収拾は不可能となった。

ここで我が国の欧米諸国による分割統治の危機から我が国を救ったのが、才能に恵まれた下級武士たちであった。彼らは欧米諸国に強要された不平等条約を撤回させ、我が国を近代文明国家とするため、公平無私な態度で人材を抜擢《ばってき》し、欧米諸国の学問の移植に努めるとともに、欧米諸国から優れた学者を高給で招聘した。

そして見事に目的を達成した。

一・一　歴史的背景――承久の乱による、世界に例のない武士政権の誕生

我が国が古代、中国の文物を取り入れる際、儒教の経典に詳しい者を試験により登用する「科挙」の制度と、去勢された宦官《かんがん》に宮廷の運営を任せる「宦官」の制度の採用を行わなかったのは英断であった。これら二つの制度が、中国、朝鮮などで多くの弊害を生み、国家の近代化を著しく阻害したことはよく知られている。

しかし我が国の朝廷は、大化の改新による「公地公民」制度を、貴族などの私有地である「荘園」により自ら破壊し、荘園からの貢物《こうもつ》により豪奢《ごうしや》で空虚な「源氏物語」の世界に浸っていた。

彼ら貴族の無能、無責任ぶりは、満州地方から九州に「刀伊《とい》の賊」が襲来し、我が国の多

数の人々を拉致し去った際に明らかとなった。奮戦して賊を撃退した九州の官人たちは、朝廷から何の褒章も与えられなかったばかりか、朝廷に無断で戦闘を行ったと叱責されたのであった。こんな有様で「元寇」を受けていたら、我が国はひとたまりもなく元軍に征服されていたであろう。

我が国にとって幸いなことに、源頼朝により創設された鎌倉幕府は、まず東国の土地の開拓者、在地地主である武士階級を、朝廷による搾取から解き放った。そして頼朝没後、幕府の権力を掌握した北条義時は、幕府を攻撃し滅亡させようとする後鳥羽上皇に対し、敢然として戦端を開き、ついに後鳥羽以下の三上皇を終身遠流《おんる》に処した。

この承久の乱により、我が国の政治は武士の手に帰した。この武士による政権は、明治維新まで続くのである。

これは我が国にとって真に幸せであった。北条義時は、悪辣《あくらつ》・陰険な手段で政敵を悉《ことごと》く滅亡させた人物として甚《はなは》だ評判が悪いが、私の私見では、彼は近い将来の蒙古襲来を予感し、これに備えるため幕府の権力を独占し、我が国の政治を無責任な朝廷から奪い武士の手に委ねた「救国の英雄」とさえ感じられる。彼の悪辣極まる政敵抹殺《まっさつ》は、こうでもしなければ彼一代で粗野な鎌倉武士たちをまとめることができなかったということであろう。

義時を追討し幕府を分裂・壊滅させようとした後鳥羽上皇の目論見《もくろみ》ははずれ、鎌倉武士が京都へ乱入すると、上皇は「この度の事変は配下の武士どもが勝手に引き起こしたもので、朕《ちん》の知るところではない」と無責任ぶりをさらけだした。一方、幕府軍を率いる北条泰時（義時の長男）は英邁《えいまい》な人物で、遠流に処した三上皇の京への帰還を終生許さず、一方では数々の善政を行い、幕府の基礎を盤石とした。

このときの鎌倉武士の潔さを示す挿話が伝えられている。上皇方への加担を敢然として拒んだ六波羅探題、伊《い》賀《が》光季《みつすえ》の邸宅は上皇方の軍勢に囲まれた。光季の子息、光綱は、ちょうど十六歳の元服の祝いを兼ねて鎌倉から父の許《もと》に来ていたが、「お前はまだ若い、ここを逃れて鎌倉へ帰れ」との父の言葉に対し、「私は元服した一人前の武士です。父上とともに戦って死ねば本望です」と答え、その言葉どおり父子ともども立派に戦って討ち死にした。

鎌倉武士たちは、このように名を惜しみ、権勢欲はあったが物欲はなかった。したがって強大な権勢を持つ幕府の執権でさえ、その生活は京都の公家の豪奢《ごうしゃ》さとは比べ物にならない慎ましいものであった。ある執権は夜間、友人と酒を酌《く》みかわし、酒の肴《さかな》が見当たらないので味噌を舐《な》めて肴の代わりとしたという。彼らは勇武と武名を誇りとし、京都の貴族たちが建立したような壮大な建築物を残さなかった。したがって、鎌倉幕府の勢力圏の人々への年貢の取り立ては、朝廷の勢力圏よりもはるかに少なかったに違いない。これが武士たちが結束して京都に攻め上った大きな理由であろう。

こうして我が国は武士の支配する国となり、このような武士に率いられた軍勢は、二度にわたる元寇に対し、蒙古軍何するものぞと勇戦敢闘し、本土への上陸拠点確保を許さなかった(図1・1)。

弘安の役では、蒙古の十万余人の大軍は、我が国への上陸を阻《はば》まれているうちに、台風により覆滅《ふくめつ》した。朝廷はこの間、ひたすら神仏に元軍の滅亡を祈願するのみであったが、元軍が退去すると、これは我々の祈願によるものと信じ、幕府に恩賞を求め、一方武士たちには何の感謝の言葉もなかった。

この元寇は、我が国の人々に「国家意識」を植え付け、それが明治維新の成功につながったに違いない。

これに対し、中国、インドなどのアジア諸国の多くは、国民に国家意識がなく、中国は西太后が、中国の近代化のために輸入した蒸気機関車を地中に埋めて、鉄道敷設の費用を自らの庭園や建築の費用に流用するなど愚行を重ね、その結果、欧州各国に領土を蚕食された。

またインドでは、多数の土《ど》侯国《こうこく》が乱立していたが、互いに国家意識なく争ううち、とうとう

図1・1　元軍の軍船（上）、元軍を迎え討つ日本勢（下）
（『蒙古襲来絵詞』より）

全土が英国の植民地になってしまった。

元寇以後、我が国は外国からの武力襲撃を受けることはなく、我が国の政治の実権は武士の手に握られていた。朝廷は武士政権から経済的援助を受ける弱い立場となったが、官位などの栄誉を与える権威として存続した。

我が国が群雄割拠の戦国時代であった頃、スペインから来日した宣教師、フランシスコ・ザビエルは、本国への報告に以下のように記している。

「この国の民衆は、コンスタンチノープル以東で最も聡明で好奇心に富み、武士によって治められている。武士は一般に貧しいが誇り高く道徳的に潔白である。この国を他のアジア諸国のように植民地とすることは全く不可能である」。

一・二　明治維新初期の混乱とその克服

徳川幕府は、その二百六十余年に及ぶ「鎖国政策」により、オランダ以外の欧米諸国との国交を絶ってきたが、我が国の近海で捕鯨を行う米国が、強く捕鯨船の基地を我が国に要求し、幕府の煮え切らない応対に業を煮やして、ついに蒸気機関を動力とする鋼鉄船を含むペ

図1・2　維新の三傑（左から西郷隆盛、大久保利通、木戸孝允）

リーの艦隊を派遣して開国を要求した。

この「黒船の来航」により、我が国の武力が欧米諸国に対抗し得ないことが明らかとなり、開国を決心し断行した幕府最後の独裁者、井伊直弼が暗殺されると、幕府はもはや当事者能力を失い、長らく政治から遠ざけられていた朝廷が、薩摩、長州などの雄藩《ゆうはん》の支持のもとに政治の前面に現れてきた。

ここで我が国の歴史を動かしたのが、維新の三傑といわれる薩摩の西郷隆盛、大久保利通、長州の木戸《きど》孝允《たかよし》ら下級武士たちであった（図１・２）。

幕府に好意的で我が国の開国に反対であった朝廷の孝明天皇が、突如、不可解な死を遂げると、幼い明治天皇を擁《よう》する薩長と幕府との間に「鳥羽伏見の戦い」が起こり、幕府軍がこれに敗れると、幕府の最後の将軍、徳川慶喜は、大阪城に充満する幕府の大軍を見捨てて海路江戸に戻り、江戸城でひたすら謹慎した。

私は、この慶喜の幕臣に対する「裏切り行為」が、我が国が欧米諸国に分割統治される危機を救ったと思っている。さもなければ我が国は、薩長を後援する英国による英領西日本、幕府を後援するフランスによる仏領東日本に分割されていたかもしれない。

この点で慶喜の振舞いは、我が国の英仏による分割統治を未然に防ぐとともに、明治維新の速やかな成功をもたらしたのであり、我が国にとって隠れた救国の偉人であったといっても過言ではない。

さて、ここで明治維新により誕生した明治新政府がまず関わった事柄について概観しよう。新政府が（形式的に）朝廷の権威をバックとして発足し、神道が我が国の国教として定められると、神社と仏閣が混在していた寺社に対し、「神仏分離令」が出された。するとこれに乗じた神官らによる「廃仏毀釈《はいぶつきしゃく》運動」が起こり、多くの寺院が破壊され、貴重な仏像、経典が破棄され、僧侶は「還俗《げんぞく》」してただの人になることを強要された。

このとき、奈良の興福寺のような伝統ある大寺院でさえ、僧侶たちは唯々諾々《いいだくだく》として還俗し、生命を顧みず敢然としてこれを拒否する者が誰一人いなかったのは、当時の僧侶たちの宗教人としての信念の驚くべき欠如であった。

しかし現代の我々にこれらの腰抜けの僧侶たちを嗤《わら》う資格があるだろうか。本書に後で説明する「国立大学の独立行政法人化」が文部科学省により強行されるに際し、この改革が大学における研究の自由を奪うことは明白であった。それにもかかわらず、国立大学の教官たちで、職を賭《と》してこれに反対するものは誰一人いなかったのである。

私の知る限り、一橋大学の教授たちのみが一致して、「この改革を断行するなら、我々は一斉に辞職する」と政府に申し入れたが、「辞職したければ、どうぞご自由に」といなされると、たちまち腰砕けになってしまった。

明治維新直後の神官らによる行き過ぎた廃仏毀釈運動は、政府の力で数年のうちに終息したが、大学の研究の自由を壊滅させた悪名高い「大学の独立行政法人化」は、十数年を経た現在も依然として続いているのである。

また当時の神官たちは、明治政府に対し、「神道が我が国の国教になった以上、教育行政はすべて我々に一任せよ」と申し入れ、政府の官僚を困惑させた。このとき新政府の要職にあった江藤新平は、「我々の喫緊《きっきん》の任務は、欧米の学問を我が国に移植することである。お前たちは『神祇官《じんぎかん》』として神道にのみ関わればよいのだ」と一喝して、神官たちを沈黙させた（図１・３）。

図1・3　江藤新平

江藤新平は士族たちに推されて佐賀の乱を起こし、これに敗れて政府軍に捕らえられると、即刻、何の抗弁も許されず、政敵、大久保利通によって近代国家にあるまじき斬首《ざんしゅ》、獄門に処せられた。当時、大名から俸禄《ほうろく》を得ていた武士たちが、廃藩置県により収入を失い、政府に対する不平不満が湧き起こっていた。これに脅威を感じていた大久保が、「一《いち》罰百戒《ばつひゃっかい》」の意味をこめて江藤を急いで梟首《きょうしゅ》したのであったが、これは明らかに「行き過ぎ」であった。

大久保はさらに親友の西郷隆盛の起こした西南戦争に勝利して西郷を自殺させ、その結果、手にした独裁権力を駆使して、我が国の近代国家への路線を確立した大政治家であったが、まだ志半ばにして、江藤、西郷らの後を追う運命にあった。

彼が登庁のため馬車で人気のない道を通行中、旧加賀藩の士族たちに襲われて落命したのは、彼が江藤新平の無残な処刑を悔やんでいたことが原因の一つとなっているという。

江藤には同年配の親族があり、その容貌は江藤新平と酷似《こくじ》していた。彼は一族の江藤新平を無残にも梟首した、恨み重なる大久保利通の顔を見てやろうと、大久保の登庁路の一角に佇《たたず》んでいた。

　すると大久保の馬車がやってきた。車上の大久保は彼を見るや、まるで江藤新平の亡霊に出会ったかのように、座席から飛び上がらんばかりに動揺した。そして大久保は、以後それまでの登庁路を変更し、人気のない紀尾井坂を通ることにし、ついに旧士族たちに襲われる原因を作ったのであるという。

一・三　明治政府による欧米文化の我が国への移植の成功

　大久保利通は絶大な権力を手中にしながら、清廉潔白な生涯を送り、死後には借財のみが残されたという。これは明治政府の顕官《けんかん》たちの多くが、井上馨《かおる》や山縣《やまがた》有朋に見られるように蓄財に熱心であったのと著しい対照を示している。

　大久保利通が推進しつつあった、欧米の学問の我が国への導入の道は、伊藤博文らによって立派に引き継がれた。これは以下の手段により効率的に行われた。

（一）選抜された才能豊かな若者たちを数年間、欧米に留学させ、それぞれの専門分野に的をしぼってその習得に努めさせる。そして帰国した彼らを枢要な地位に就け、その力を我が国近代化のため発揮させた。

（二）欧米の著名な学者を、現在の物価から見て年俸一億円余りの高給で我が国に招聘し、我が国の若者の教育、指導を行わせた。

図1・4　ベルツ

このような招聘学者は「お雇い外国人」と呼ばれ、著名な人物としては、我が国に近代医学を伝えたベルツ（図１・４）、生物学・博物学を伝えたモース（大森貝塚の発見者）、農学を伝えたクラークなどがいる。また実用とは無縁な文科系の学問、美術、哲学なども、学者を招聘し我が国に伝えさせた。法隆寺夢殿の秘仏である観音像や、薬師寺東塔の美を世界に

図1·5　岩倉使節団（左から木戸孝允、山口尚芳、岩倉具視、伊藤博文、大久保利通）

認めさせたフェノロサが著名である。

明治維新後、長期間にわたり、我が国は欧米諸国の武力に屈し、強制的に締結させられた「不平等条約」に苦しんだ。この条約を撤回させ、欧米諸国と対等な条約を締結し直すには、我が国が欧米諸国と変わらぬ「文化国家」であることを、各国に納得させなければならなかった。

明治政府は、よく知られているように、まず欧米の文化国家とは何かを身を以って体験するため、公家の岩倉具《いわくらとも》視《み》を団長とし、これに大久保利通、木戸孝允、伊藤博文ら政府の高官を加えた「欧米視察団」に、一年の長きにわたり欧米諸国を歴訪させた（図1・5）。

もちろん当時の彼らにとって「焦《しょう》眉《び》の急」

であったのは、欧米諸国の侵略から我が国を守る陸海軍の創設と充実であったが、彼らは賢明にも、欧米の大学では社会の実用とは無縁の人文科学研究も盛んに行われていることを知り、乏しい予算を惜しまず、人文科学の我が国への移植にも配慮を怠《おこた》らなかった。英文学研究を命ぜられロンドンに留学した夏目漱石などがその例である。

このように明治政府の人々は、実用的な医学、工学などばかりでなく、非実用的な文科系の学問をも導入することが、我が国の品位を高め、文化の水準を向上し、欧米諸国に受け入れられる国家となることをよく知っていたのである。有名な鹿鳴館《ろくめいかん》における舞踏会も、少しでも早く我が国を文化国家として認めてほしい、明治政府の焦りの現れであった。

第二章　たちまち開花した我が国の生命科学研究

明治政府の英断により、欧米諸国に留学を命じられた若者たちは、政府の期待に見事に応えた。そして彼らの中から、本章で説明する二人の巨人が現れた。高峰《たかみね》譲吉《じようきち》と北里柴三郎である。この事実は、我が国の研究者の力量が、欧米の研究者に勝るとも劣らないことを明証して余りあるものであった。

また、明治政府が招聘した「お雇い外国人」たちも、よく期待に応えた。東京帝国大学医学部で教鞭《きようべん》をとったベルツは、我が国の女性と結婚し、その在日は約三十年に及んだ。同大学理学部に招かれたモースは、大森貝塚の発見をはじめとして、我が国の博物学、人類学などの基礎を築いた。当時焦眉の急であった北海道開拓事業促進のため札幌農学校に招かれたクラークは、短い滞在期間にもかかわらず、学生たちに大きな影響を与えた。

これらの「お雇い外国人」の残した教訓は、単に講義による知識の伝授ばかりでなく、教師と学生の人間的な交流、つまり教師の人格に直《じか》に触れることの重要性であった。そして十分な成果を残して「お雇い外国人」制度が廃止されると、我が国の学問を担う人々の態度に憂うべき変化が現れてきた。これは、欧米の学問に対する過度の尊敬と、我が国独自の研究に対する蔑視である。

この原因の一つは、我が国の研究者の努力により、学問の体系が日本語化されたことであろう。これによって、外国語で学問を学ぶ労苦から解放された学生たちの、いわば弛緩《しかん》した態度が、彼らから独創性を奪い、ひたすら欧米の学問の追従に向かわせたのではないか。

二・一　幕末に生まれ、不朽の業績を挙げた高峰譲吉と北里柴三郎

ここでは幕末に生まれ、我が国への欧米の学問の導入期に学問を学び、学業に優れた若者として明治政府から欧州留学を命じられた若者たちのうち、生命科学分野の歴史に不朽の名を遺した巨人、高峰譲吉と北里柴三郎を取り上げる。特に高峰は、米国での輝かしい業績と、実業家として得た巨万の富を背景に、我が国に理化学研究所を創設した。

この理化学研究所は、本書で後に述べるように、その後、国立の大研究所として和光市に移転し、ここで不幸なことに創設者、高峰の理想から逸脱し、我が国の生命科学の周回遅れの原因の一つとなってゆくのである。

高峰譲吉は、ペリーの艦隊が我が国に来航した翌年、富山に生まれ、現在の東京大学工学部の前身である工部省工学寮応用科学科を首席で卒業し、ついで英国のグラスゴー大学に留

図2・1　高峰譲吉

学を命ぜられた。つまり彼は、すでに説明した明治政府による欧米の学問の我が国への移植の方針に沿った若者だったのである。

そして彼は、政府の期待に違《たが》わず、専門分野の高い技術を身に付けて帰国し、農商務省の要職に選抜された。ここで高峰は、間もなく農商務省を辞して渡米する。そして我が国のみならず全世界の人々の健康と長寿に、歴史に残る貢献をしたのである（図２・１）。

高峰の母の実家は造り酒屋であったので、彼は麹菌《こうじきん》に詳しく、まずウイスキー製造に麹菌を使用し、販売することを試みたが、失敗した。しかし彼はこれにめげることなく、麹菌から強力な消化酵素、タカジアスターゼを発見し、特許をとり、この販売で富を築いた。

その頃、動物の副腎のしぼり汁が、手術の際に強力な止血剤として使用されるようになり、ある米国の製薬会社が高峰に止血物質の精製を依頼した。彼はその研究所に、東京帝国大学医学部薬学科出身の上中啓三《うえなかけいぞう》を招いてこの精製を依頼し、上中は期待に応えて短時日《たんじじつ》で止血物質の結晶を取り出すことに成功した。

高峰はこの物質を「アドレナリン」と命名した。このアドレナリンこそ、最初に発見された「内分泌物質」、つまりホルモンであった。高峰らは内分泌学の扉を最初に開く、不朽の業績を挙げたのであった。

高峰と並んで生命科学分野で不朽の業績を挙げた北里柴三郎は、やはり幕末に熊本県の山間に生まれた（図2・2）。彼の実家は裕福ではなく、苦学して学費を稼ぎながら、まず熊本医学校、次いで東京医学校（現在の東京大学医学部）を卒業したときには、すでに三十歳であった。つまり北里は、明治政府のエリートコースから外れた存在だったのである。彼は、臨床医となれば得られる巨額の報酬には興味がなく、薄給の政府の衛生局職員となり、実地の学問ができる道を選んだ。

図2・2　北里柴三郎

ところが北里に突然、幸運が訪れた。感染

症の原因である病原菌を研究する細菌学を我が国に移植する必要を感じた政府は、衛星局員の北里に、細菌学を習得するためドイツ留学を命じたのである。

ここで興味深いのは、熊本医学校で北里と同期生であった緒方正規《おがたまさのり》は、東京医学校卒業後ドイツ留学を命ぜられ、帰国すると東京医学校教授に任命されていたのである。つまり北里は政府が設定したエリートコースから見て、緒方に対し「周回遅れ」の立場にあったのである。

しかし北里は、ベルリンのロベルト・コッホの研究室で、まず破傷風菌が空気を嫌う嫌気性細菌であることを発見し、破傷風菌の純粋培養に成功した。彼はこの、世界の医学史に輝く業績を、わずか三年間で成し遂げた。

北里はさらに、ベーリングとともに、感染症の血清療法を創始した。これは実験動物にあらかじめ病原菌を接種し、動物の体内に病原菌に対する抗体が産生されると、その抗体を含む血液の血清を患者に与え、感染症を治療する画期的な方法である。

こうして北里は、学費稼ぎに時間を費やし、同窓の緒方が教授に就任したときにはまだ一介の衛生局職員に過ぎなかったが、コッホ研究室での赫々《かっかく》たる業績により、世界有数の細菌学者となり、我が国のエリートコースの同輩をはるかに抜き去ったのである。北里の帰国後の我が国医学会の徹底した冷遇は、彼に出し抜かれた医学会のエリートたちの嫉妬があったに違いない。

以上述べた高峰譲吉と北里柴三郎の例から明らかなように、一部の欧米人の偏見、「日本人は模倣に長《た》けているが、発明・発見の才能はない」とは完全に誤りであった。明治政府の我が国への学問の移植は、短時日のうちに輝かしい成功を収めたのである。

具体的にいえば、政府が創設した多くの教育機関で学んだ幕末生まれの人々は、世界の生命科学の檜舞台に登場する機会を与えられるや、たちまち歴史に刻まれる成果を挙げたのである。この事実は、本書に以後、至る所で論議するように、若い生命科学を志す研究者の独創の芽を摘み続けている我が国の現在とは対照的である。

余談であるが、我が国がお雇い外国人の招聘の費用や、それよりもはるかに巨額な陸海軍の創設に要した費用は、どのようにして調達したのであろうか。

当時は、養蚕による生糸の輸出が、我が国の重要な外貨獲得手段であった。我が国にとって幸いなことに、フランスでは蚕の病気により蚕糸業が長期間壊滅状態にあり、我が国はこれに乗じて大いに生糸の輸出を伸ばしたのであった。つまりフランスにおける蚕糸業の長期にわたる不振は、我が国にとっては「神風」のようなものであった。

二・二　明治政府の期待に応えたお雇い外国人たち

歴史をひもとくと、明治政府によるお雇い外国人の招聘は、西郷隆盛らと大久保利通らが対立した征韓論争に西郷らが敗れ下野した頃から開始され、以後、廃止されるまでの二十余年に、招聘された外国人は総数千八百余人に及んだ。

ここでは、我が国の生命科学分野の発展に貢献したモースとベルツの、我が国に残した足跡を追ってみよう。

エドワード・モース（図2・3）は一八三八年、米国のメイン州に生まれ、まずハーバードの学校で学んだ後、ボードウィン大学の比較解剖学、動物学の教授となった。そして海産動物である腕足類《わんそくるい》の研究のため一八七七年に来日し、江ノ島で研究を行ううち、東京帝国大学から、お雇い外国人として招聘された。

彼は江ノ島に臨海実験所を開き、ここで多くの学生を教育し、我が国の生物学の基礎を築いた。彼はまた、英国のダーウィンの進化論を、講義を通じて我が国に紹介し、我が国の生物学界ばかりでなく、当時の我が国の人文科学界にも大きな影響を与えた。

彼は初めて来日したときに、横浜から東京に向かう列車の車窓から、大森の辺りに夥《おびただ》しい貝殻の堆積があるのを望見し、後にここを発掘して、人骨、動物の骨、土器の破片などを発見した。モースの貝塚調査は、我が国における考古学、人類学の発展の端緒となり、我が国の生命科学史に大きな足跡を残した。

モースはまた、明治政府から支給される巨額の給与により、当時の我が国の日用品、民芸品から大名行列の籠、長持《ながもち》、調度品一式などを購入し、米国に持ち帰った。

図2·3　モース

これらの貴重な品々は、現在マサチューセッツ州のピーボディ・エセックス博物館に展示されており、我々の眼を見張らせる。

我が国の女性を妻として、我が国に約三十年にわたって滞在し、我が国への医学の移植に絶大な貢献を行ったエルヴィン・フォン・ベルツは、一八四九年、ドイツの田舎町で生

図2·4　ベルツの妻・花

まれ、ライプチヒ大学で医学を学んだ。同大学の講師を経て一八七六年、明治政府に招聘されて来日、東京医学校（東京大学医学部の前身）の講師として生理学、病理学の講義を担当し、後には内科学、薬物学、産婦人科学なども講義した。

我が国はすでに明治初年（一八六八年）に、医学はドイツから移植することを決めており、ベルツの来日もこの方針に沿ったものであった。

ベルツの我が国での滞在二十五周年を祝う祝賀会が催されたとき、彼は感謝の言葉とともに、以下のように述べた。

「学問というものは、研究者の営みそのものであり、講義を聞いただけで把握できるものではありません。これを把握するには、講義の余暇に講師の先生を訪ね、その人格に接することが必要です――」。

彼は「研究者の精神」は、人格から人格へと伝えられることを強調したのである。

ベルツのこの思いは、帝国大学の医学生たちに伝わったであろうか。ベルツが我が国を去ってから医学部教授となった人々の間で、娘婿を後継者に指名する、公私混同が目立ったことを考えると、ベルツの願いはこれらの人々によって裏切られたように思われる。

北海道大学の前身である札幌農学校に招聘されたウィリアム・クラーク（図2・5）は、米国マサチューセッツ州で生まれ、南北戦争で戦功を立てた後、軍を辞してマサチューセッツ農科大学の学長となったが、北海道の開拓を進める黒田清隆に招聘されて来日した。その滞在期間はわずか八カ月に過ぎなかったが、全身全霊をもって学生を教育し、大きな影響を与えた。

図2·5　クラーク

彼が任期を終え帰国するとき、札幌郊外まで見送りに来た学生たちと握手したクラークは、馬にまたがると、あの有名な「Boys, be ambitious!」の言葉を残し、走り去っていった。彼は熱烈なキリスト教徒で、その影響を

図2・6　新渡戸稲造（左）と内村鑑三

受けた学生たちの中から、新渡戸稲造、内村鑑三などが現れた（図2・6）。クラークはその死に臨み、「私が神に誇らしく報告できることは、日本における八カ月間のみである」と言ったという。

二・三　明治政府の期待に応えた我が国の大学の生命科学者たち

ここでは、明治政府のエリートコースに乗り、我が国にお雇い外国人が創設した東京大学の前身校を卒業し、欧米留学を命ぜられ、帰国して母校の教授に就任後、輝かしい業績を挙げた多方面の人々のうち、生命科学分野の研究者に話を限って説明する。

まず山極勝三郎《やまぎわかつさぶろう》は、幕末に信州に生まれ、東京帝国大学医学部を卒業後、ドイツに留学し、帰国後、母校の東京帝国大学医学部病理解剖学教授となった（図２・７Ａ）。

彼は市川厚一《いちかわこういち》に命じてウサギの耳にコールタールを塗り続け、ついに発がんさせることに成功した。これは世界で初めて化学物質ががんを起こすことを発見した不朽の業績であった。当時、彼はノーベル賞候補に挙げられたが、東洋人に対する偏見のため、受賞に至らなかった。はるか後年、我が国を訪れたノーベル賞選考委員長は、山極を受賞させなかった不手際を、我が国に謝罪した。

鈴木梅太郎は、明治政府発足の数年後、静岡に生まれ、東京帝国大学農科大学卒業後、ドイツの生化学者、エミール・フィッシャーのもとに研鑽《けんさん》を積み、帰国後、東京帝国大学農科大学教授となった（図２・７Ｂ）。彼は米糠《こめぬか》の脚気《かっけ》予防効果に注目し、米糠から有効成分を抽出してオリザニンと命名した。

彼はこの成分の純化には成功しなかったが、同時代に海軍軍医として麦飯を兵食に採用して脚気患者を根絶させた高木兼寛《たかきかねひろ》（図２・７Ｃ）とともに、現在のビタミンＢ発見の先駆者として歴史に名を遺した。

幕末に京都に生まれた池田菊苗《いけだきくなえ》は、東京帝国大学理科大学化学科を卒業後、ドイツのオストワルドのもとで学び、帰国後、東京帝国大学理科大学化学科教授となった。彼は昆布の呈《てい》味《み》成分がグルタミン酸ナトリウムであることを発見し、これを「うまみ」として、従来の「酸味」「塩味」「甘味」「苦味」に付け加えた（図2・7D）。

後年、舌に上記の四基本味覚に加えて「うまみ」を感知する受容体が見出され、世界の教科書に五番目の基本味覚として「うまみ」が日本語のまま加えられている。現在世界各国で販売されている「味の素」は、このグルタミン酸のナトリウム塩である。

明治三年に尾張藩の侍医の家に生まれた藤浪鑑《ふじなみあきら》は、東京帝国大学医科大学卒業後、ドイツに留学し、帰国後、京都帝国大学医科大学の病理学教授となった（図2・7E）。

彼は米国のラウスと同時期に、素焼きの容器の壁を通過する病原体（現在のウイルス）が発がん作用を持つことを発見したが、彼の発見は、当時の東京帝国大学の病理学者たちによって無視された。ラウスの発見も同様に米国で無視された。ラウスは彼の発見から五十余年後、がんウイルス発見の業績に対し八十七歳でノーベル医学生理学賞を受賞したが、藤波はすでに死去していた。

図2・7　明治政府の期待に応えた生命科学者たち

（A）山極勝三郎

（B）鈴木梅太郎

（C）高木兼寛

（D）池田菊苗

（E）藤浪鑑

このように、明治政府の英断による、欧米の学問の我が国への移植は、生命科学分野に話を限っても、赫々たる成果を挙げた。この事実からいえることをまとめると、以下のようになるだろう。

(一) 我が国の国民の研究者としての能力は、欧米の諸国民と比べて全く遜色がなく、むしろ優れているとも思われる。

(二) 我が国の優れた国民は、まだ頭脳が柔軟な若年期に欧米の高名な学者のもとで学ぶ機会を与えられれば、それぞれの学問分野の最前線が直面する問題点を把握し、この解明に情熱を注ぎ、しばしば歴史的な業績を挙げる。

(三) 彼らがその努力の成果を挙げる時期は、欧米への留学中であることも、我が国に帰国後、要職に就いた後である場合もある。いずれの場合にも、彼らはその時点での、彼らの専攻分野の最重点課題に挑戦し、見事な成果を挙げたのである。

二・四　我が国における欧米の学問崇拝と、我が国の研究蔑視の風潮の原因は

明治維新後、成功裡に達成された、欧米の学問の我が国への移植には、他のアジア諸国では見られない大きな特徴があった。

それは、東京帝国大学など、政府の設立した諸大学の教授たちが、それぞれの専門分野の学問の教科書を日本語で書き上げ、教育に普及させたことである。この作業により、彼らは、あらゆる学問分野で使用される言語を、欧米語から日本語に翻訳したのであった。

この結果、学問を志す我が国の若者たちは、辞書を片手に欧米語で書かれた教科書と格闘する労苦から解放されたのであった。

この事実は、他のアジア諸国から、感嘆と羨望の的となった。しかし、この学問の体系を、労せずに日本語で学習した結果は、必ずしも我が国の学問の発展を促進することにはならなかったように思われる。

明治の人々は、欧米語で書かれた書物を読み、内容を理解するのに、文字通り「血の滲《にじ》むような」苦労を重ねたに違いない。何しろ彼らの双肩には、発足したばかりの祖国の運命が

かかっていたのだから。彼らが苦心の末、獲得した語学力は、苦労知らずで日本語の教科書を読む我々の想像を超えた高度なものだったといわれる。

さらに彼らは、明治政府の高官の公平無私な人物評価に合格した俊才であった。彼らは精魂込めて欧米語で書かれた原書を熟読するうち、学問の核心に触れ、何が解決すべき問題であるかを悟り、そして機会を与えられれば、歴史に残る偉業を成し遂げたのである。

これに対して、苦労なしに日本語の教科書で学問を学ぶ若者たちには、明治初期の先人たちが終始感じていた緊張感はなかっただろう。何となく弛緩した精神から生まれてくるのは、学問の体系を作り上げた欧米の学者に対する過度の尊敬と、どうせ我々日本人などには大した仕事はできない、という自分を卑下《ひげ》する心理だったのではあるまいか。

このような事態を憂えた東京帝国大学理科大学教授（物理学）、寺田寅彦は、彼の随筆中で、おおよそ以下のことを述べている。

「我が国の学者は、自分に学問の新分野を切り開く能力などない、革命的な研究は欧米でなされるのだ、我々はこれを待ち、追従すればよいのだ、と考えている。そして彼らは文字通り、欧米で開拓された新しい研究分野に群がり、何年かすると我々も欧米のレベルの研究ができるようになった、と誇る。然しその頃には欧米のどこかで、新しい研究分野が半ばできかかっている」。

我が国の研究者の頭にこびりついているこの考えは、我が国で芽を吹こうとしている、真に独創的な研究に対する言われなき無視となって現れる。この態度の裏には、「もしかしたらこの研究は、本当に独創的かもしれない。日本人にはそんなことができるはずはないのだが――」という嫉妬を含んだ感情があるので始末が悪い。

次章ではこのような例を数多く挙げねばならないのは、残念なことである。

第三章　生命科学を衰退させる我が国の国民性

前章で私は、先人たちの努力により、日本語で教科書を読めるようになったことが、学生たちの精神を弛緩させ、欧米の学問に対する過度の尊敬と、我が国の独創的研究に対する蔑視をもたらしたと述べた。

本章ではこれに加えて、明治政府の努力の成功を一挙に無にする、我が国独特の島国根性とでもいうべき性癖について考える。

これは他人の成功を妬み、成功を故意に無視するばかりか、軌道に乗りかけた仕事を中止に追い込もうとする、最も恥ずべき性質である。もちろんこの種の嫉妬心は、誰でも内心に隠し持っており、これを実際に態度に表さなければ、競争心の原動力として本人にプラスに働くのである。

しかし本章で述べる、北里柴三郎の伝染病研究所からの事実上の追放は、明らかに度をこえた暴挙であり、これを容認した我が国の政府の無定見《むていけん》も責められねばならない。この一部の有力教授による恣意的な考えの、政府による容認の最も甚だしい事例が、後の章で説明する、国立大学の独立行政法人化である。

本章ではまた、我が国の研究者の独創的研究の意義を理解せず、傍観者的な態度をとる実例として、神経の「興奮」をめぐる「減衰・非減衰論争」から、これに続く田崎一二《たさきいちじ》の、有髄神経の興奮の跳躍的伝導の大発見に至る、我が国の研究者の日和見《ひよりみ》的、傍観者的態度を記述する。

神経生理学は私の得意な分野なので、神経の興奮についての記述には筆が走り長くなってしまった。しかしこれによって一般読者は、神経生理学について、ある程度理解が進まれることだろう。

すでに本書で述べてきたように、苦労なしに日本語で学問を学んだ我が国の人々は、欧米の学問に対する尊敬と、我が国の研究に対する蔑視の態度が定着したようである。そしてこれが、本書に後で述べる分子生物学の黎明《れいめい》期、勃興《ぼっこう》期、隆盛期に、評論家的立場をとり、何の貢献もなしえなかった我が国の分子生物学者の研究者としての無能さに繋がってゆくように思われる。

三・一　北里柴三郎に対する我が国の研究者の執拗な迫害

欧米留学中にすでに歴史的成果を挙げた人物は、疑いもなく我が国の宝であり、彼らは帰国後、その才能をさらに開花させるため、我が国が守りたてねばならないことは言うまでもない。

しかし以下に述べるように、ドイツから帰国した北里柴三郎を待ち受けていたのは、我が国の医学会が彼に加えた恐るべき冷遇と迫害であり、これは驚くべきことに、彼の生涯を通じて続いたのである。エリートコースを辿って我が国の要職に就任していた学者たちが、周回遅れのコースにいて軽蔑していた北里が、ドイツで彼らの及びもつかない偉業を成し遂げて帰国したことに、嫉妬したとしか考えられない。

つまり、明治政府が意図した我が国への欧米の生命科学の移植は、これが大成功を収めると、たちまち、無能で嫉妬深い我が国の学者たちによって衰退の道を辿ることになったのである。政府の官僚たちはすでに代替わりして、明治政府初期の、我が国への学問移植に心を砕いた気概と見識を持つ人々はもはや存在せず、また神官に対して毅然とした態度をとった江藤新平のように、学問の発展を阻《はば》む卑小な学者たちを一喝して退けるような人物は望むべくもなかった。

こうして赫々たる業績を挙げて我が国に帰国した北里は、しばらくの間、政府、研究機関から完全に無視され、何の要職も提供されず、失職状態に陥った。この事態を「国辱」と感じた慶應義塾大学の創始者、福澤諭吉は、北里のためにささやかな伝染病研究所を芝公園の一角に建ててやった。

その後、紆余曲折を経て、政府も伝染病（感染症）研究の重要性を認め、北里に出資して伝染病研究所を建設させた。北里はここに多くの人材を集め、種々の感染症を予防・治療する抗血清の製造を精力的に行った。そして我が国の政府は、この研究所をますます発展させるためと称して、私立から国立への移管を行った。しかしこの出来事は、北里に執念深く嫉妬する東京大学医学部の教授たちの陰謀の前触れであった。

北里の伝染病研究所の設立後、十五年が経つと、突如、我が国の政府（文部省）は、北里に何の相談もなく、伝染病研究所を東京大学医学部の付属研究所にすると決定し発表した。これは理不尽極まる北里への嫌がらせであり、彼は、彼を嫉妬・敵視する東京帝国大学医科大学校長の青山胤通《あおやまたねみち》の管理下に入ることになった。

北里は憤然として、同僚とともに長年手塩にかけた伝染病研究所を去り、あらたに北里研究所を設立した。また彼は、再び福澤諭吉の援助により、慶應義塾大学部医学科を創設した。

このように、元来、北里のために設立された研究所が、北里を追放するなどという暴挙・愚挙が、北里を嫉妬する人々と、これを唯々諾々と受け入れる官僚によりまかり通るなど、欧米では全く考えられない。まさしく我が国の宿痾《しゅくあ》が、早くも噴出したのである。

図3・1　東京大学医科学研究所（ホームページより）

皮肉なことに、北里を追放し東京帝国大学医学部付属となった後の伝染病研究所は、その後、医科学研究所と改称したが、その堂々たる建物の威容にもかかわらず、私の知る限り生命科学の歴史に刻まれるような成果を出していない（図３・１）。現に新型コロナウイルス感染症の猖獗《しょうけつ》に対し、医科学研究所は何ら貢献していないのが証左ではないか。

これに対して、伝染病研究所を追われた北里が設立した北里研究所は、伝染病研究所とは比べものにならない小規模な研究所であるが、近年、大村智《おおむらさとし》氏が抗寄生虫薬イベルメクチンを開発し、家畜ばかりでなく多くのヒトの疾病にも有効であることがわかり、二〇一五年度のノーベル医学生理学賞を受賞した（図３・２）。

さらに医科学研究所では近年、浅薄な「スクラップ・アンド・ビルト」政策と称して、医科研の研究室の改廃を行い、寄生虫学研究室を時代遅れであるとして廃止した。

この愚挙により、医科研で芽を出しかけていた、免疫のしくみに関する独創的基礎研究は、その根を絶たれてしまった。寄生虫とは、元来、生物の免疫機構の網の目をかいくぐるのに長けており、免疫学、感染症の貴重な研究対象なのである。

このような、医科学研究所の自ら自分の首を締めるかのような愚挙は、現在も至る所で、無能で利己的な「有力」教授たちと、彼らの愚かな主張を唯々諾々と受け入れる、科学知識と見識に乏しい行政官僚との合作により進行しているようである。

そして、その結果起こる我が国の生命科学の衰退には、誰も責任をとらない。

図3·2　大村智

三・二　経済大国である我が国がなぜワクチンを製造できないのか

現在、猖獗を極める新型コロナウイルス感染症は、いずれは終息に向かうだろう。しかし、私が本章を執筆中の二〇二一年三月現在では、まだ感染者が減少に向かっているとはいえず、我が国の経済にも深刻な影響を及ぼしている。

二〇二一年三月十四日に行われたＮＨＫのテレビ討論会を眺めていたところ、日本維新の会の片山虎之助氏が、「現在先進諸国では、すでに国民の多くがワクチン接種を完了しているのに、我が国ではひたすら外国製のワクチンに頼り、ワクチン接種計画も二転三転している。なぜ我が国ではワクチンの製造、供給ができないのか」と、しごくもっともな疑問を呈された。

すると政府側の出席者から即座に、「コロナ対策はワクチン接種だけではありません――」と、問題を逸らそうとする発言があった。

さらに別の出席者は、「我が国は元来ワクチン接種を好まない国民性がある。たとえばインフルエンザワクチン接種率は、他の先進国では国民の七〇から八〇パーセントであるのに、我が国では五〇パーセントにとどまっている。このため我が国ではワクチンの需要が少なく、製薬会社も販売に力を入れない。この結果、我が国の製薬会社のワクチンの製造能力が低く需要に応じられない」と述べ、片山氏の呈した質問はうやむやにされてしまった。我が国の国民がワクチンを嫌う性癖を持つとは、私は聞いたことがない。

また、我が国は人口が少なく、ワクチンの市販に必要な、第三相試験の実施が困難である、との意見が、我が国のワクチン製造能力の欠如の理由として主張されている。しかし我が国よりはるかに人口の少ない英国やベルギーでもワクチンが開発されているのである。政府はどうやら、我が国にワクチンを開発し製造する力がない惨状に触れられたくないようである。

私の考えは、二〇二一年三月に発売された『文藝春秋』誌の記事で裏付けられた。

記事によると、「我が国のワクチン開発、製造力の欠如は、長年これらの能力の育成を怠ってきた厚生省の責任である」という（「日本の敗戦『フクシマ』と『コロナ』」『文藝春秋』二〇二一年四月号）。つまり、北里追放後、伝染病研究所には北里の輝かしい伝統を継承する人材がいなくなり、さらに厚生省の官僚の見識の欠如がこれに追い打ちをかけたのである。

「厚生省は、その担当部門の許認可は行うが、通産省のように担当分野を育成する義務はない」との言い分は、単に厚生官僚の無能、怠慢に対する「言い逃れ」に過ぎない。

繰り返すが、我が国は中国に追い越されたとはいえ、世界第三の経済大国である。それにもかかわらず、他国からのワクチン輸入に汲々とするとは醜態である。この醜態の原因を遡《さかのぼ》れば、結局、東京帝国大学医学部の教授たちによる北里の追放と、これを唯々諾々と許した官僚に行き着くのである。

なお、伝染病研究所がその名称を医科学研究所と改称していたことは、ここで述べた過去の愚行を覆い隠す「隠れ蓑《みの》」の作用を果たしている。試みに現在の医科学研究所のホームページを見ると、新型コロナウイルス感染症に対する具体的な活動は全く記されていない。この状況を地下の北里は何と思うだろう。

彼はドイツでベーリングとともに、血清療法を創始した。この血清療法は、現在広く使用されているワクチン療法とは原理的に異なり、実験動物（ウマ）にまず感染症の病原体を接種し、動物の体内に抗体を生じさせた後、その抗体を含む動物血清を感染症の予防、治療に用いるものである。

もし北里が追放されず伝染病研究所で活躍を続けていたなら、彼の衣鉢《いはつ》を継ぐ人々がこの血清療法を発展させ、現在のコロナ問題の解決に大きく貢献していたのでは、と思わずにはいられない。

そして後で詳しく論議するように、近年敢行された「国立大学の独立行政法人化」は、この伝染病研究所の北里追放より、はるかに広汎、悪質な影響を我が国の生命科学に与えつつある。この愚を繰り返してはならない。

北里柴三郎に対する執拗な迫害は、彼に対するエリートコースの医学者たちの嫉妬心によるとして理解できる。ではこのような嫉妬心は、欧米の人々にも共通する人間の性《さが》なのであろうか、それとも我が国特有の「島国根性」とでもいうべきものなのであろうか。

この問いに答えることはできない。なぜなら、我が国のように、政府の英断により短時日のうちに学問の移植に成功した国家は皆無だからである。

しかし私は、これから述べる、加《か》藤《とう》元一《げんいち》の「単一神経線維の分離」や、我が国の神経生理学最大の巨人、田崎一二の「神経線維の跳躍伝導の発見」など、真に独創的な研究に対する、当時の我が国の生理学者たちの冷淡極まる態度を見ると、自国における独創的研究を理解せず無視する性癖は、我が国特有のものと考えざるを得ない。彼らは高峰譲吉や北里柴三郎の輝かしい業績を忘れ果て、革新的な研究は欧米から生まれ、我が国などからは生まれるはずはない、と信じていたのであろう。

三・三　慶應義塾大学と京都大学の間の「興奮の減衰・不減衰」論争

さて、話は一九二〇年代に遡る。当時、外科手術に不可欠な、神経を麻酔する麻酔薬クロロホルムが、神経における信号（＝興奮）の伝わりを遮断するしくみに関心が持たれた。当時はエレクトロニクスが未発達で、研究はもっぱらガマ（カエル）の太く長い坐骨神経を用い、神経を伝わる興奮の大きさは、もっぱら座骨神経末端に付着する筋肉の収縮の大きさにより判定した。

英国のエドガー・エードリアンは、坐骨神経の一部をクロロホルム蒸気を満たした麻酔箱に通し、興奮が阻害される時間を測定した。長さ２ｄ㎝の麻酔箱（図３・３上）によって興奮が阻害された時間と同じ時間では、神経を長さｄ㎝の麻酔箱に二度通した場合（図３・３下）の興奮の伝わりを阻害できなかった。

彼はこの結果から、（一）興奮は図に破線で示すように、長い麻酔箱中で徐々に減衰し消失する。（二）短い麻酔箱中で完全に減衰し切らなかった興奮は、麻酔箱を出ると、もとの

図3·3　エードリアンの麻酔箱の実験

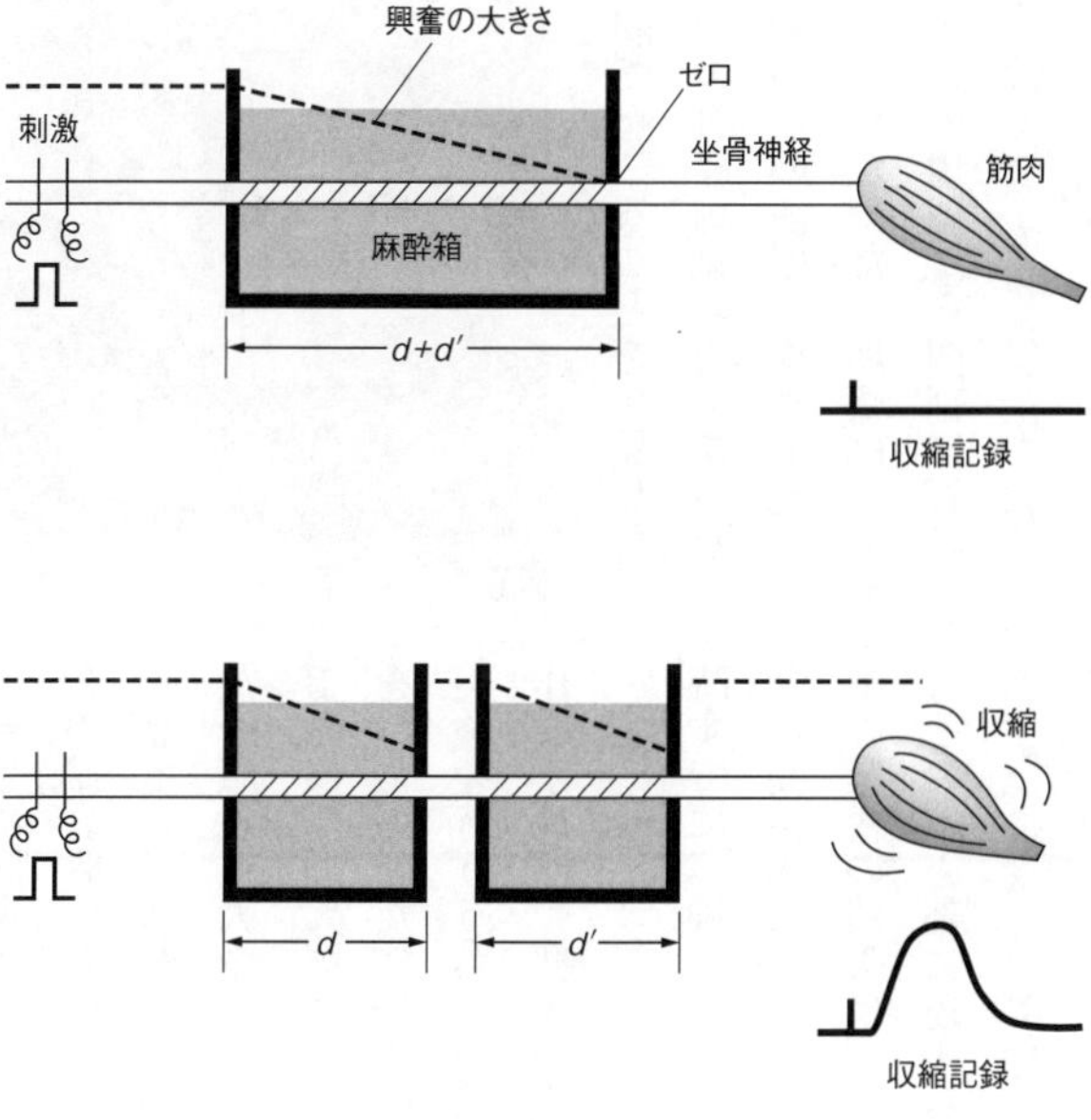

麻酔箱によるクロロホルムの興奮減衰の考えを示す模式図。神経の麻酔された部分（斜線）では興奮の「大きさ」が距離とともに「一定」の割合で減少していくという考えを示す。破線は神経を伝わる「興奮」の大きさの減少を表す。

図3・4　加藤元一

大きさに回復する、と結論した。これを「興奮の減衰《げんすい》説」という。

北里柴三郎が福澤諭吉の援助により創設した慶應義塾大学の生理学教授、加藤元一（図3・4）は、このエードリアンの考えに疑問を持ち、新たに神経の興奮に対する麻酔箱の実験を行ううち、実験者が坐骨神経を無傷で作成すれば、興奮の阻害は麻酔箱の長さに無関係な一定の時間で起こることを発見した。

坐骨神経は多数の神経線維の束であるが、当時すでに、神経束に含まれる個々の神経線維の興奮は「全か無か」の法則に従って起こることが間接的に示されていたものの、まだ一般的な知識となっていなかった。加藤は、麻酔箱での興奮の消失は、神経の長さには無関係で、クロロホルムが神経の周囲から内部にしみこみ、その中心部に達すると、全ての神経線維が「全か無か」の法則に従って興奮を伝えなくなるためであるとした。

この考えを「興奮の不《ふ》減衰《げんすい》説」という。現在の知識から見て、これは正解であった。

しかし加藤らの提出した「興奮の不減衰説」は、エードリアンらの「減衰説」を信奉する京都帝国大学医学部の石川《いしかわ》日《ひ》出《で》鶴丸《つるまる》教授らの猛反対に遭い、両研究室は互いに自説の正しさを主張して、実に十年以上にわたって学会の発表の場で論争を続け、学会ばかりでなく、世間をも驚かせたのであった。

ここでこの論争の性質について、現在の知見による説明をしておこう。

エレクトロニクスによる生体電気現象測定手段が存在しなかった当時、坐骨神経を電気刺激して起こる筋肉の収縮が、坐骨神経を伝わる「興奮」の唯一の判定手段であった。そして当時の研究者は、神経の刺激強度を増大すると、筋肉の収縮も徐々に増大することから、神経を伝わる「興奮」には「大きさ」があり、刺激強度の増大とともに興奮の大きさも増大する、と考えたのであった。

この考えが誤りであることは、現在、医学部に入学したての学生でも知っている。

つまり、神経は多数の神経線維の束で、個々の神経線維は電気刺激に反応して、全か無かの法則に従う興奮（現在の言葉でいえば活動電位）を発生する。そして個々の神経線維はそれぞれ多数の筋繊維に連絡し、その収縮を起こす。この個々の運動神経線維に支配されている筋繊維グループを、筋肉の運動単位という。そして運動神経線維ごとに、活動電位を発生させる刺激の強さ（閾値）は異なる。

したがって、刺激強度を増大すれば、活動電位を発生する運動神経線維の数も増大し、その結果、筋肉中で収縮する筋繊維の数も増大し、筋肉の収縮はより大きくなる。つまり筋肉の収縮の大きさは、刺激に反応する神経線維の数と筋肉の運動単位の数に依存する。

であるから、「神経の興奮に大きさがある」という考えは、神経は神経線維の集まりであり、筋肉は運動単位の集まりである、という事実を無視しており、誤りである。

したがって、この論争でのクロロホルムが筋収縮を消失させる効果とは、クロロホルムが神経の傷口などからその中心部までしみこんで、全ての神経線維の興奮発生を阻害することである。これに要する時間は、神経の太さと長さ、神経を動物から分離する際の神経の傷口の数とその大小、など、さまざまな要因の影響を受ける。ゆえに見かけ上、神経の興奮の大きさが麻酔箱の長さに依存して減少するような実験結果が得られる場合があるのだろう。

このため、実験に基づく「減衰・不減衰」の論争がいたずらに長引いたのであった。この論争に終止符を打つには、神経から単一神経線維を無傷で分離し、個々の神経線維の興奮（活動電位発生）が全か無かの法則に従うのを示すしかない。

図3·5　（A）神経からの単一神経線維の分離、（B）単一神経線維の刺激による筋肉の収縮、（C）単一神経線維に対する刺激の大きさと筋収縮の大きさの関係

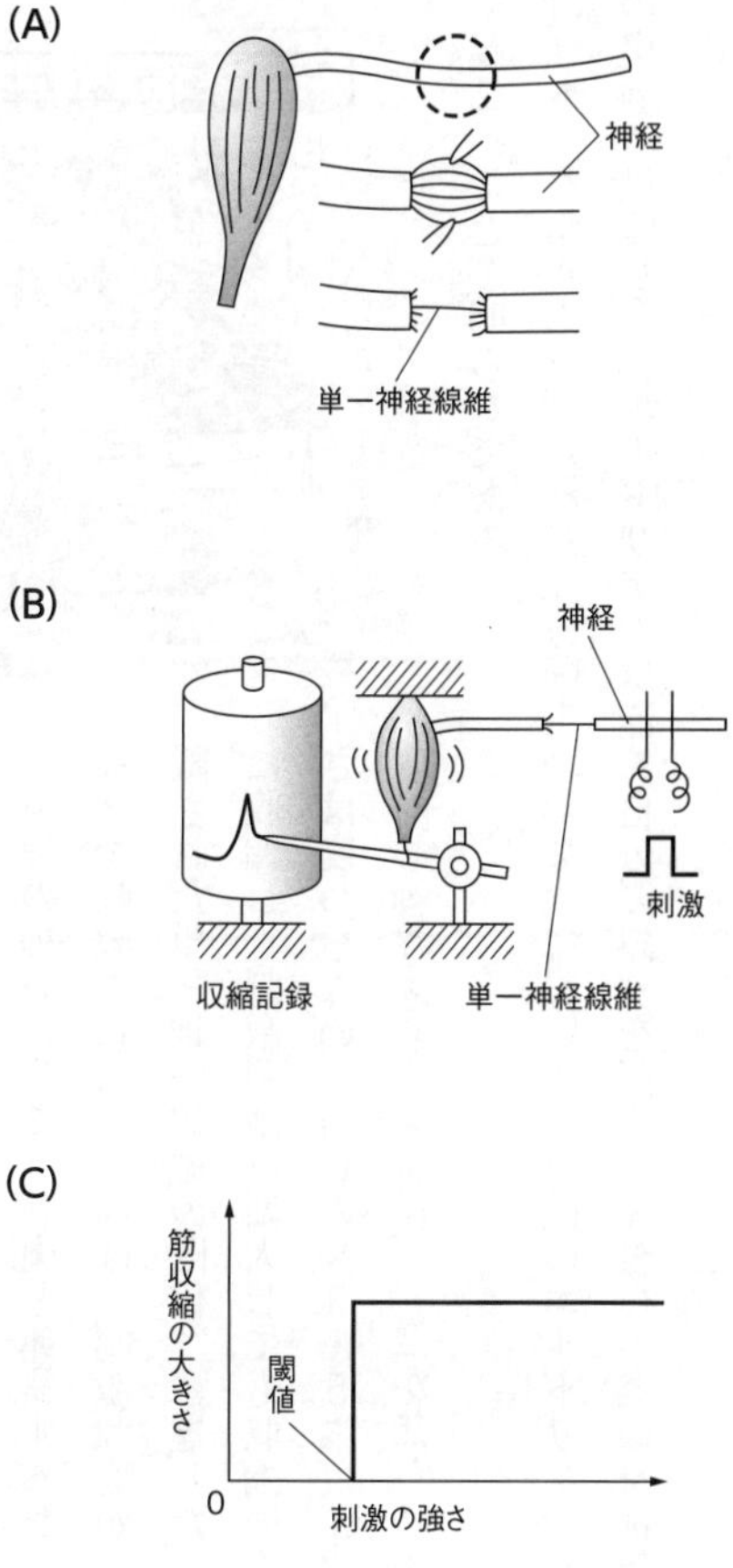

図3·6　ストックホルムの新聞に掲載された、加藤らによる単一神経線維の供覧実験のイラスト

そして加藤一門は努力の末、ついにこの単一神経線維の分離に成功した。

単一の神経線維で、筋肉と連絡する試料の神経を刺激すれば、筋肉は、刺激強度が「分離された単一神経線維の閾値」に達したときに収縮し、刺激強度を増大しても収縮の大きさは変わらない（前頁の図3・5）。つまり、個々の神経線維の興奮は、「全か無か」の法則に従って起こることが明らかである。

加藤らはストックホルムで行われた「万国生理学会」において、英国のエードリアンらの面前でこの実験を供覧した。エードリアンは潔く自分の誤りを認め、加藤らの業績を称賛した（図3・6）。

さらに加藤はロシアに招聘されて同様の実験を供覧し、これに感銘したパブロフ（条件反射の発見でノーベル医学生理学賞を受賞）は、熱烈に加藤をノーベル賞候補として推薦したが、これは不成功であった。

三・四　「減衰・不減衰」論争に対する、我が国の学者の日和見的態度

欧米でその業績を認められ栄光に包まれた加藤は、もはや石川らを相手にする必要はなく、我が国で長年続いた「減衰・不減衰」論争は終わってしまった。石川はなおも執拗に加藤の研究に異を唱えたが、これは空しかった。

さてここで私が問題にするのは、この長期にわたる論争に対し、我が国の生理学者たちが示した「日和見的な態度」である。彼らは概して、あたかも火災の現場に群がる野次馬のように、当事者の熱烈な論争を文字通り「対岸の火災」を眺めるようにして、傍観者として日和見的態度をとり続けた。

そしてまた、当時の我が国は戦時下にあり、現在のように新聞や雑誌が科学研究を記事として取り上げることは稀で、まして科学記者がストックホルムに乗り込んで、加藤の供覧実験を報道するなどあり得なかった。

この結果、加藤の完勝に終わった「減衰・不減衰」論争は、それがぴたりと止むと、生理学者たちは、あたかも火事場に群がっていた野次馬のように、「何だ、あの論争は終わって

しまったのか、つまらない」とでもいうような態度をとり、論争が終わった理由には関心を示さなかったのである。

この結果、私は、医学部に勤務するまで、この論争の結果については何も知らなかった。私の同僚もこれを知らなかった。

ある機会に、「減衰・不減衰」論争に立ち会った東大のW名誉教授に、論争の結末をうかがったことがある。W先生は我々の質問に対し、「ああ、あの論争はどちらかが降参する結果にはならなかったのですよ」と言葉を濁《にご》し、我々を失望させた。W先生はただ、論争の当事者が口にした、「我々は雄大活発強壮なるガマを実験に使用し――」というくだりを口真似して、我々を笑わせるのみであった。

このW先生は東大を定年退職後、ある私立医科大学に研究室を持ち、熱心に研究を始めた。この研究課題は、彼が命名した「適応反復刺激」の研究であった。これは生理学実習を行う学生諸君が必ず経験することであるが、カエルの坐骨神経を一定強度で電気刺激すると、最初の筋肉の収縮は大きいが、刺激を繰り返すごとに小さくなってゆくというものだ。

この現象は明らかに、血管の除去による個々の神経線維への酸素供給不足、標本作成時の神経の損傷の大小とその広がり、以下もろもろの要因による複雑な現象で、研究に値するとは思われない。

それにもかかわらずW先生は、刺激強度と刺激間隔を調節すれば、刺激を重ねてもほぼ一定の強さの収縮が得られるとし、この刺激間隔を適応反復刺激と呼んで得意げであった。

私は呆れた。このような複雑なものを愛する精神ほど非生産的なものはない。

このW先生の振舞いには、「減衰・不減衰」という、当時の興奮に対する誤った考えを克服して、神経線維という神経の機能的要素を研究した加藤による歴史的な出来事に対する徹底した無関心、さらにはこのような研究に対する潜在的な嫌悪感があったように思われる。このような、いわば退廃的《たいはいてき》な思考様式はまさに、自然の神秘に切り込もうとする欧米の科学者の先駆者精神とは対極にあるもので、我が国の研究者が抱える「宿痾」と言ってよいだろう。

「減衰・不減衰」論争の決着が広く報道されず、曖昧《あいまい》に忘れられた頃、優れた生物学者であった昭和天皇は、近衛内閣の文部大臣となった、東京帝国大学医学部生理学教室教授の橋田邦彦に対し、「『減衰・不減衰』論争はどのように決着したのか」と尋ねられたという。橋田がどう答えたかは知られていない。

三・五　田崎一二の跳躍伝導の大発見と、我が国の学者の冷淡な反応

我が国が泥沼の日中戦争に引き込まれ、さらに米国との関係が険悪化する頃、慶應義塾大学医学部の生理学教室で、生理学史上不朽の偉大な研究が進行していた。加藤元一門下の田崎一二（図3・7）による、有髄神経線維における興奮（活動電位）の跳躍伝導の発見である。田崎の研究は不運なことに、このような国際条件のため、欧米の研究者との連絡が全く途絶えた、国際的隔離状態で行われた。

ここでまず、カエルのような両生類から、ヒトを含む哺乳類などの脊椎動物の、神経系の構造を説明しよう。

これら脊椎動物の、筋肉運動を支配する運動神経と、視覚、味覚、嗅覚などの感覚情報を脳に伝える感覚神経は、いずれもその周囲を、電気的絶縁性の（つまり電流を通さない）脂質の鞘《さや》で覆われている。この鞘を髄鞘《ずいしょう》という。

これに対して、イカ、エビ、カニなどの背骨を持たない無脊椎動物の神経では、髄鞘がない。髄鞘がある神経線維を有髄神経線維、髄鞘のない神経線維を無髄神経線維という。

図3・7　田崎一二夫妻

図3・8　有髄神経線維の髄鞘とランビエ絞輪

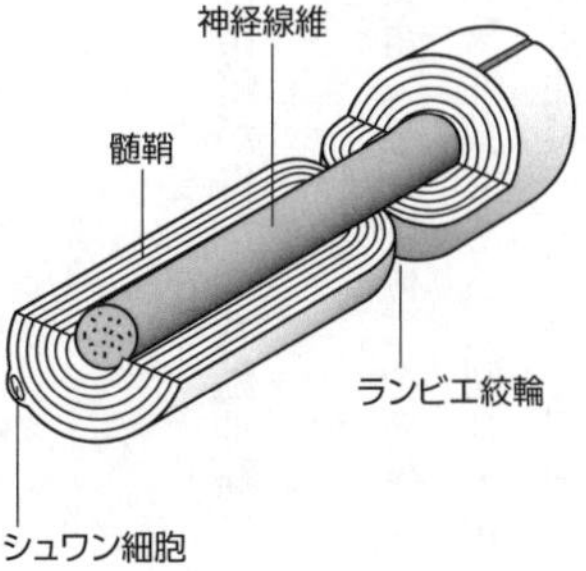

有髄神経線維は、神経細胞（ニューロン）の細胞体から長く伸び、その周囲を囲む髄鞘は約２㎜ごとに縊《くび》れて途切れている。そしてこの縊れの部分はランビエ絞輪《こうりん》と呼ばれ、ここでは神経細胞の細胞膜が外部に露出している（図３・８）。

つまり有髄神経線維では、神経細胞の細胞膜は大部分が、電流を通さない絶縁性の髄鞘に覆われ、ランビエ絞輪部でのみ細胞膜が露出している。これに対し無脊椎動物の無髄神経線維では、神経細胞の細胞膜が全長にわたって露出している。

田崎は、有髄神経線維の髄鞘に覆われた部分は、これを空気中に露出し乾燥させても、髄鞘に保護された内部の神経線維の機能には影響がないことを利用し、「髄鞘乾燥法」という天才的な実験法を開発し、有髄神経線維に沿って興奮が伝わってゆくときに隣り合うランビエ絞輪間に流れる電流（動作流）の測定に成功した（図3・9）。

そしてこの動作流の研究により、有髄神経線維の興奮（現在の言葉では活動電位）の伝わりは、ランビエ絞輪からランビエ絞輪へと、あたかも飛び石を飛び移るように伝わってゆくことを発見した（図3・10）。田崎の実験については、拙著『生体電気信号とはなにか——神経とシナプスの科学』および『神経とシナプスの科学——現代脳研究の源流』（いずれも講談社ブルーバックス）に詳細に記されているので、興味を持たれる読者はお読みいただきたい。

ここでは田崎が得た、有髄神経における興奮の跳躍伝導のしくみを簡潔に説明しよう。

（一）興奮（活動電位）を発生する細胞膜を興奮性膜という。ランビエ絞輪部の細胞膜も興奮性膜である（図3・10Ａ）。

（二）興奮性膜をよぎって、細胞内から細胞外へ向かう電流を外向き電流という。

図3・9　(A)単一有髄神経線維の興奮の伝わりを研究する実験装置、(B)コンパートメント間を流れる電流の陰極線オシロスコープによる記録

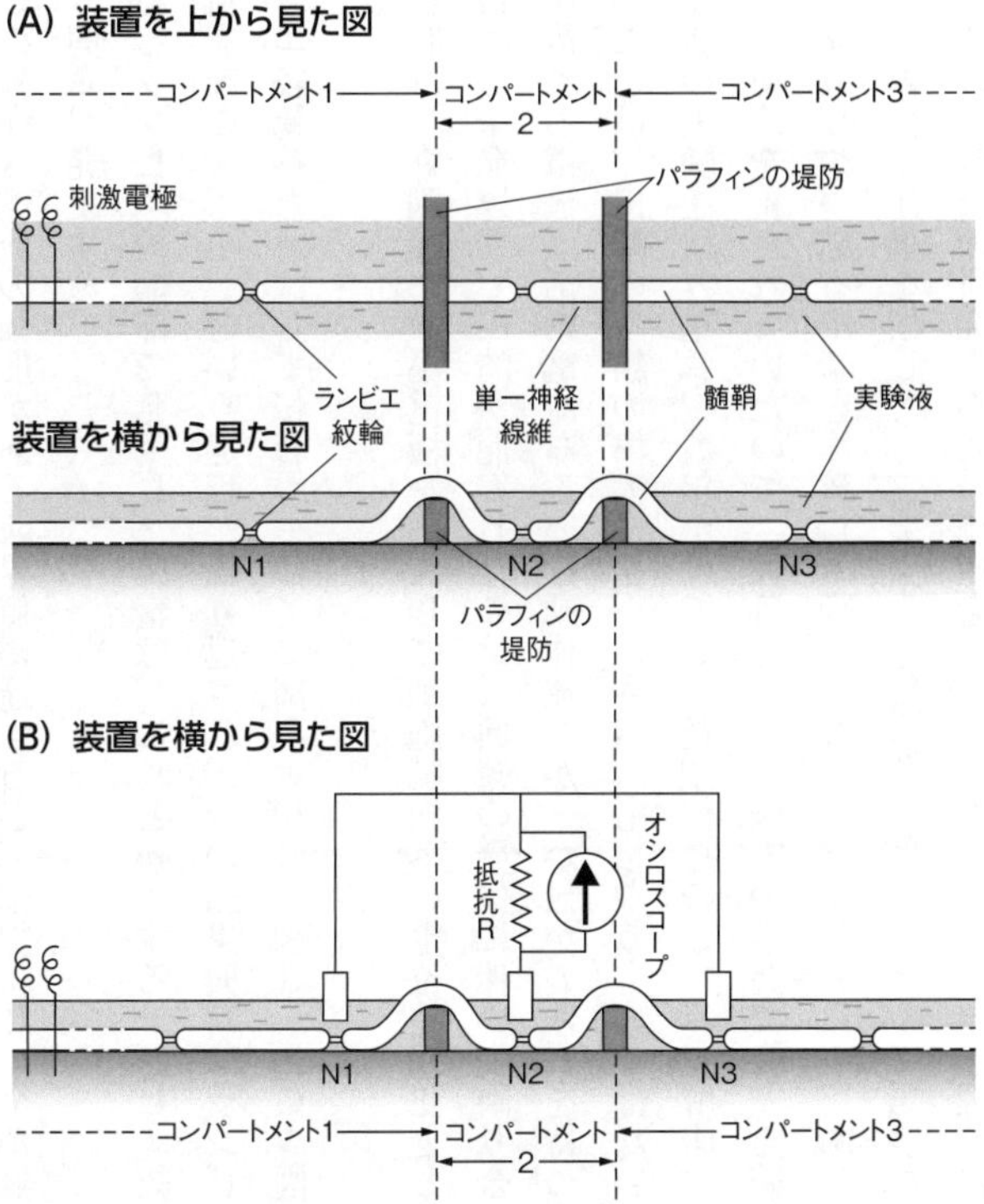

(三)この外向き電流の強度がある臨界値に達すると、細胞膜に「全か無かの法則」に従う興奮が発生する。

(四)あるランビエ絞輪部で発生した興奮は、これと隣接するランビエ絞輪部に外向き電流を起こす――、という過程が繰り返され、その結果興奮はランビエ絞輪からランビエ絞輪へと跳躍して伝わってゆく(図3・10B、図3・10C、図3・10D)。

ただし当時は、細胞膜に微小電極を刺入して細胞膜内外の電位差変化としての活動電位を測定する技術は未発達で、田崎が記録したのは、興奮の発生に伴い、隣り合ったランビエ絞輪部の間を流れる電流(活動電流あるいは動作流)が全か無かの性質を持つことであった。しかしこのことは、田崎の功績の偉大さを、いささかも損なうものではない。

田崎は多数の実験を積み重ね、数年かけてこの跳躍伝導のしくみを解明する偉業を達成した。欧米との交流を絶たれていたので、彼はもっぱら国内の学会で発表を続けた。しかしまさに偉業を達成しつつある田崎を称賛し激励する者はほとんどおらず、ある生理学教授は田崎の単一神経線維の仕事を指して、「唾棄《だき》すべき研究」と罵《ののし》ったのであった。

しかし田崎は、自分の研究の不朽の価値を確信しており、周囲の無理解に怯《ひる》むことなく、

図3・10　有髄神経線維における、ランビエ絞輪からランビエ絞輪への外向き電流による興奮（活動電位）の伝わり

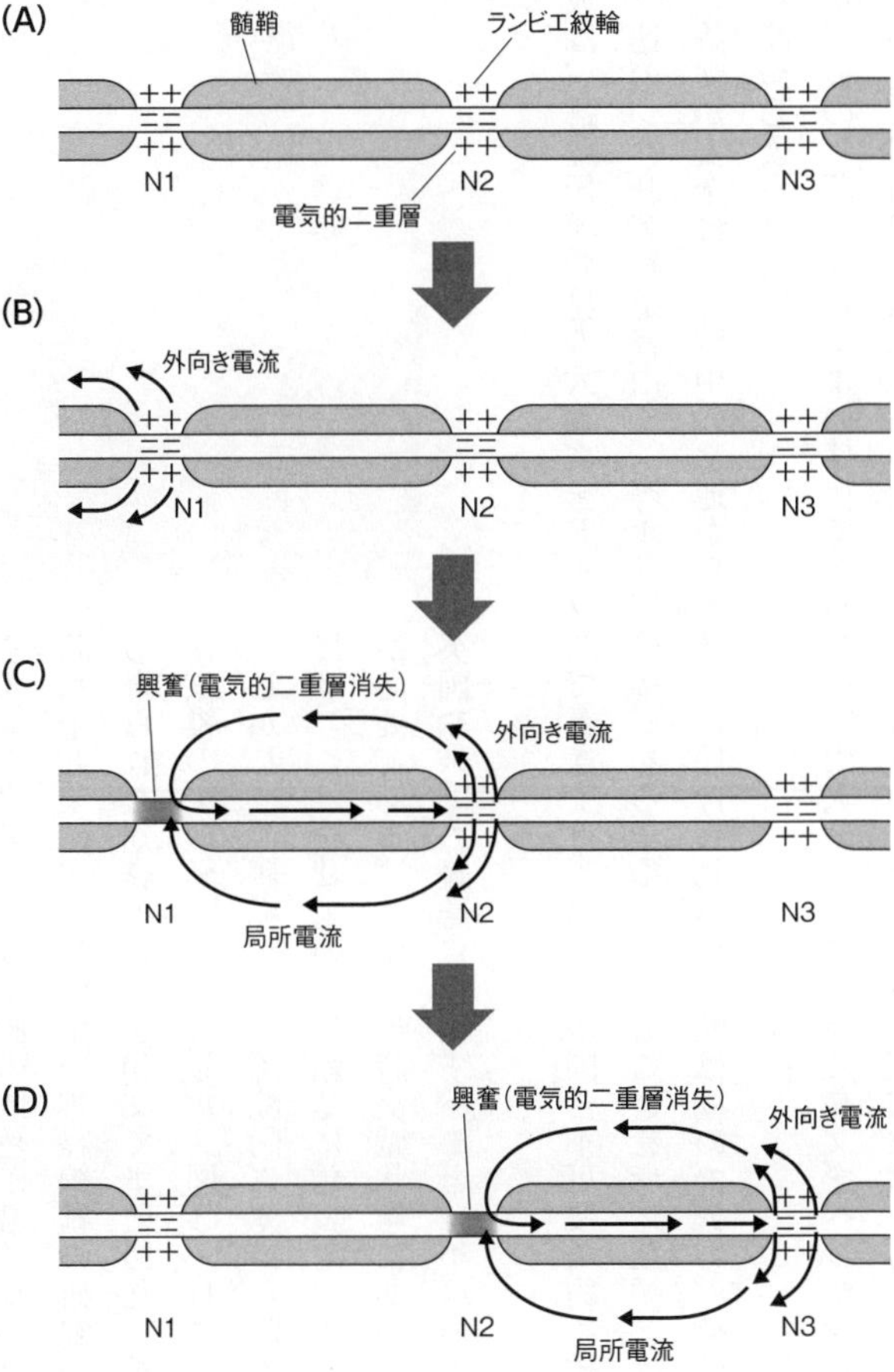

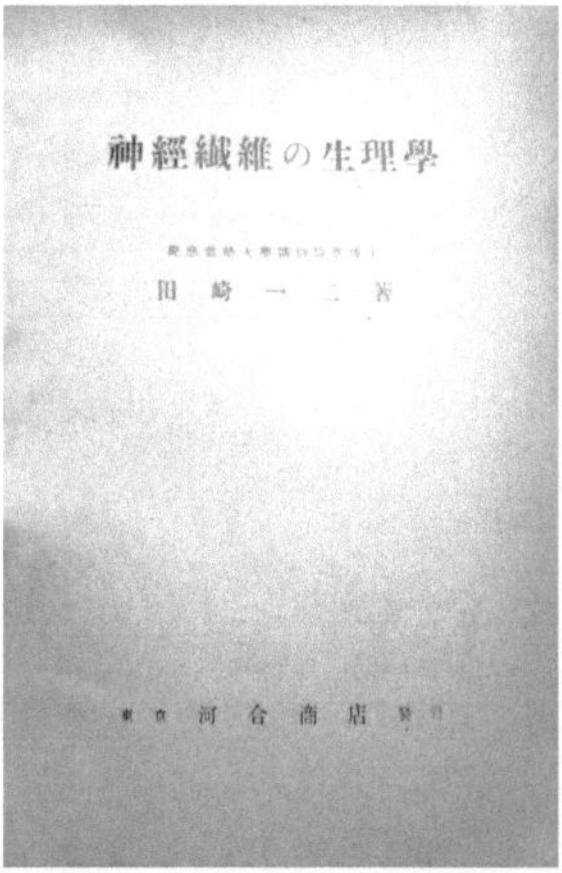

図3・11　田崎一二『神経繊維の生理学』

まず太平洋戦争で我が国の敗色が濃くなった昭和十九年に、自分の単一神経線維の研究から得られた知識の体系を和文でまとめた『神経繊維の生理学』を出版した（図3・11）。

しかし彼の研究が広く国際的に認められるには、これを欧米の科学雑誌に発表することが必要である。しかし当時交戦状態にあった英国や米国の雑誌に投稿することは不可能であった。

そこで彼は、跳躍伝導発見の大論文をドイツ語で書き上げ、当時我が国と不可侵条約を結んでいたソ連のシベリア鉄道経由で、ベルリンの権威ある学術誌に送ることを考えた。とはいえ、彼の論文が安全に、交戦中のソ連からドイツに届けられる可能性は極めて低い。彼は論文投稿を断念しようとした。

ところが、彼の生涯を通じてよい伴侶であった田崎夫人は、夫に無断で論文をベルリン宛に発送していた。田崎が夫人に「あの論文をどうしようか」と尋ねると、彼女は「ああ、あれはもうベルリンに送っちゃったのよ」と答えた。

田崎にとって幸運なことに、当時のベルリンはソ連軍に包囲され、間もなく陥落して瓦礫《がれき》の山となり果てたが、さすがドイツは科学の国だけあって、田崎の論文はきわどいタイミングで雑誌に受理され、立派に出版されていたのであった。

しかし彼がこれを知ったのは、終戦から三年後、彼が加藤元一との確執のため慶應義塾大学の地位を失い、職を得るため渡米して勤務先の大学の図書室で文献を調べた結果であった。

三・六　田崎の業績の国際的認知

太平洋戦争が終了する頃、田崎と加藤元一との間に確執が起こり、そのため田崎は慶應義塾大学講師の職を失った。彼は研究の場を米国に求め渡米した。彼はこの時期、跳躍伝導の発見に至る研究中の自分の心の動きをありのままに記述した小冊子『神経生理学序説』を刊行している（図3・12）。

彼はこの中で、過去の「興奮」に関する概念の曖昧さを指摘し、「減衰・不減衰」論争を経て彼が確立した「興奮とは神経線維の細胞膜で起こる物理化学的現象で、その発生は全か

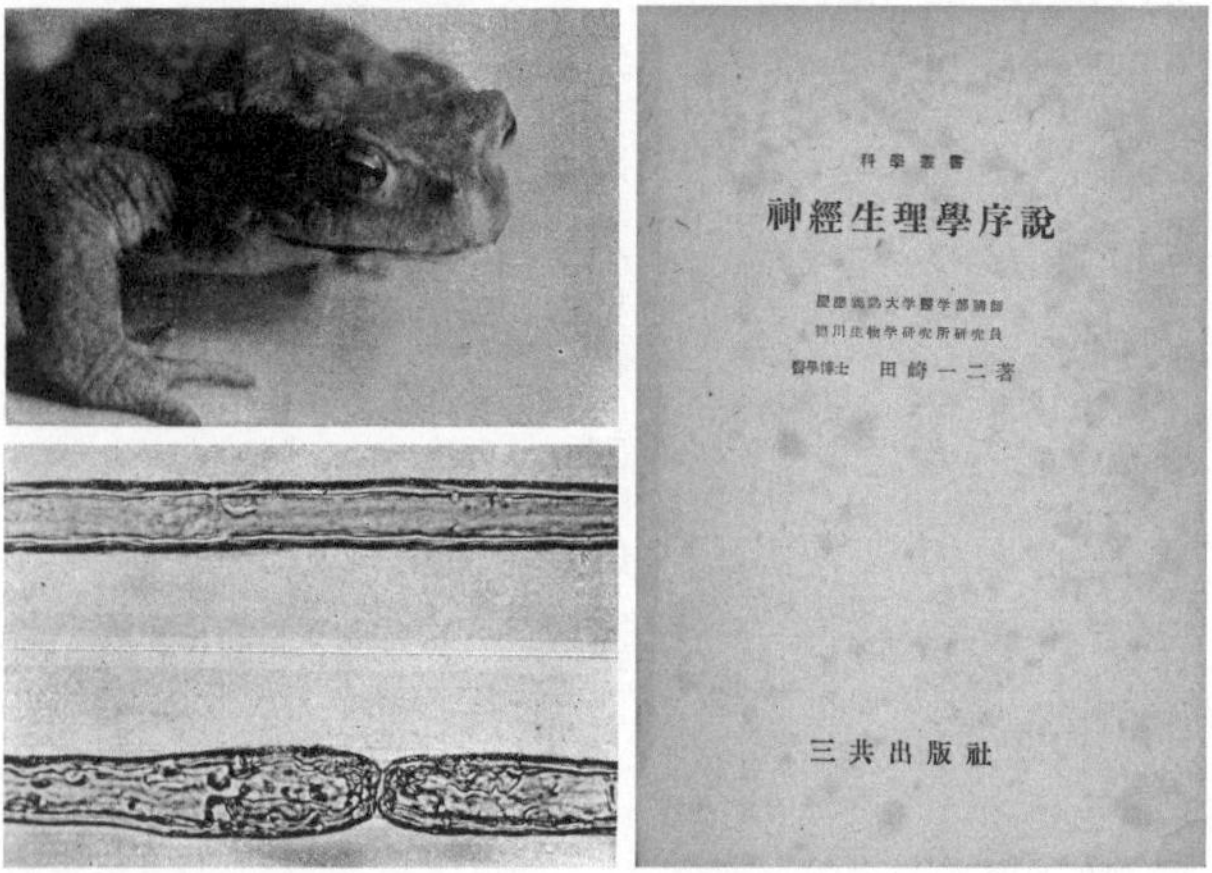

図3・12　田崎の名著『神経生理学序説』の表紙（右）、口絵のガマ（左上）と神経線維のランビエ絞輪（左下）の写真

無かの法則に従う」との結論に至る彼自身の心の動きを率直に述べている。

　これらの著書は、終戦後に生理学者となった多くの若者に、あたかもバイブルのように愛読され、戦後発達したエレクトロニクス技術による実験法の進歩により、戦後二十数年にわたる「神経生理学の黄金時代」をもたらした。そしてこの時代に、世界的な業績を挙げた我が国の生理学者たちを輩出した。

　なお、戦後しばらくして、活動電位のイオン機構解明により、一九六三年にノーベル医学生理学賞を受賞した英国のアンドリュー・ハクスレーは、田崎の発見した跳躍伝導にクレームを付けた。有髄神経線維の興奮（活動電位）は、髄鞘に包まれた部分でもランビエ絞輪部でも同様に伝わり、田崎の記録したランビエ絞輪間を流れる電流は、見かけ上のものに過ぎないのではないか、というのである。
ハクスレーは単一有髄神経線維を細いガラス管（長さ約１㎜）中に引き込み、活動電位が伝わる際、ガラス管のすき間を流れる電流を測定し、田崎と同様な結果を得た。しかし彼は、活動電位が実際に髄鞘に包まれた神経線維細胞膜を伝わるか否かは明らかにできなかった。それにもかかわらず、我が国の有力な生理学者の中には、ハクスレーがクレームを付けた以上、田崎の仕事は不完全で欠陥があると見なすものが多かった。

この問題については、ハクスレーとともにノーベル医学生理学賞を受賞した英国のアラン・ホジキンが、一九六四年に出版した書物『The conduction of the nervous impulse』の中で、田崎こそが有髄神経線維における興奮の跳躍伝導の発見者であり、ハクスレーの研究はその追試、確認に過ぎないと断定した。これで跳躍伝導の発見者としての田崎の地位はゆるぎないものとなった。

さらに時が流れ一九八〇年代に入ると、神経細胞の細胞膜の一部を分離し、その部分に存在するイオンチャンネルの活動が電気的に記録できるようになった。そして有髄神経線維では、活動電位を発生させるNaチャンネルは、ランビエ絞輪部の細胞膜にのみ存在することがわかった。

これにより跳躍伝導では、田崎が考えたように、活動電位はランビエ絞輪からランビエ絞輪へと飛び移り、髄鞘に包まれた神経線維の細胞膜には、活動電位が発生しないことが確定したのである。

私の私見では、田崎はこの時点で、遅まきながらノーベル賞をもらってもよかったと思う。がんウイルス説を唱え、五十余年間無視されたラウスが、ウイルスの発がん性が確認されるとノーベル医学生理学賞を受賞したように。

第四章　エレクトロニクス技術による神経生理学の黄金時代

本章では、前章に引き続き、興奮現象の実態である、細胞膜内外の電位差の発生と、この電位差の急激な変化である活動電位についてまず説明する。

この部分を難解と感じられる読者は、これを読み飛ばしていただいても差し支えない。本書は生理学の入門書ではなく、我が国の生命科学が周回遅れとなった理由を考えるものなのだから。

しかし私は、第二次世界大戦後のエレクトロニクス技術の進歩を背景とした神経生理学の黄金時代と、これに対する我が国の研究者の大きな貢献をここで記さずにはいられない。この時代に得られた多くの知見が、現在の大部な生理学教科書として結実しているのである。

そして、大きな業績を挙げた東京大学医学部生理学教室出身者は、みな私と親交があり、田崎一二の著作を熟読していた。この点でも田崎は偉大であった。

本章ではさらに筆を進めて、黄金時代を続けていた我が国の神経生理学が、なぜ衰退の道を辿ったかを考察する。

神経生理学の研究対象が脳の働きとなり、高峰譲吉が創設した理化学研究所が国立となり、ここに脳科学総合研究センターが設置されて我が国の脳研究の中心となると、初代センター長の伊藤正男氏は、研究対象を高等温血動物のサル、ネコなどに限定し、昆虫などの無脊椎動物の原始的な脳は研究に値しないとした。

これは生命科学を発展させてきた一般生理学の研究法からの逸脱であり、脳科学総合研究センターにおける研究活動は沈滞した。

四・一　興奮の実態である「活動電位」とは何か

これまで説明したように、カエルの神経線維を伝わり筋肉を収縮させる「興奮」の実態をめぐっては多くの論議がなされ、結局、田崎一二によって、「興奮」とは、単一有髄神経線維のレベルでは、ランビエ絞輪間に全か無かの法則に従って発生する動作流であることがわかった。

さて、大戦後急激に発達したエレクトロニクスにより、神経線維の細胞膜に先端直径約0・5マイクロメートルのガラス微小電極を刺入して、神経線維を損傷することなく、細胞膜内外の電位差変化を記録できるようになった。

ここではこの微小電極を刺入した興奮性細胞の細胞膜で記録される、興奮の実態である活動電位について説明しておこう。より詳しく知りたい読者は、拙著『生体電気信号とはなにか――神経とシナプスの科学』および『神経とシナプスの科学――現代脳研究の源流』（いずれも講談社ブルーバックス）をお読みいただきたい。

　生体の細胞のうち、興奮を起こすものを興奮性細胞という。生体中で電気信号を伝える神経細胞（ニューロン）や、種々の筋肉の筋繊維は、みな興奮性細胞である。

　またあらゆる細胞は、その内部の細胞内液に、高濃度のＫイオンと低濃度のNaイオンを含み、その外部の細胞外液（血液や組織液）は、高濃度のNaイオンと低濃度のＫイオンを含む。また全ての細胞は、脂質の二分子層からなる電気絶縁性の高い細胞膜に囲まれている（図４・１）。

　細胞内外のイオンは、細胞膜を貫通しているイオンチャンネルを通って細胞膜を通過できる。細胞が静止状態にあるとき、Ｋチャンネルは開いているが、Naチャンネルは閉じている（図４・２）。

　この結果、細胞膜内外には、内側が負、外側が正の電位差ができる。便宜上、細胞を取り囲む実験液（細胞外液）の電位を０Ｖと定めると、細胞内液の電位は、細胞外液に対し約マイナス１００mVとなる。

　この電位差を細胞膜の静止電位Vrと呼び、数式で表すと、

図4·1　細胞内液と細胞外液のイオン組成

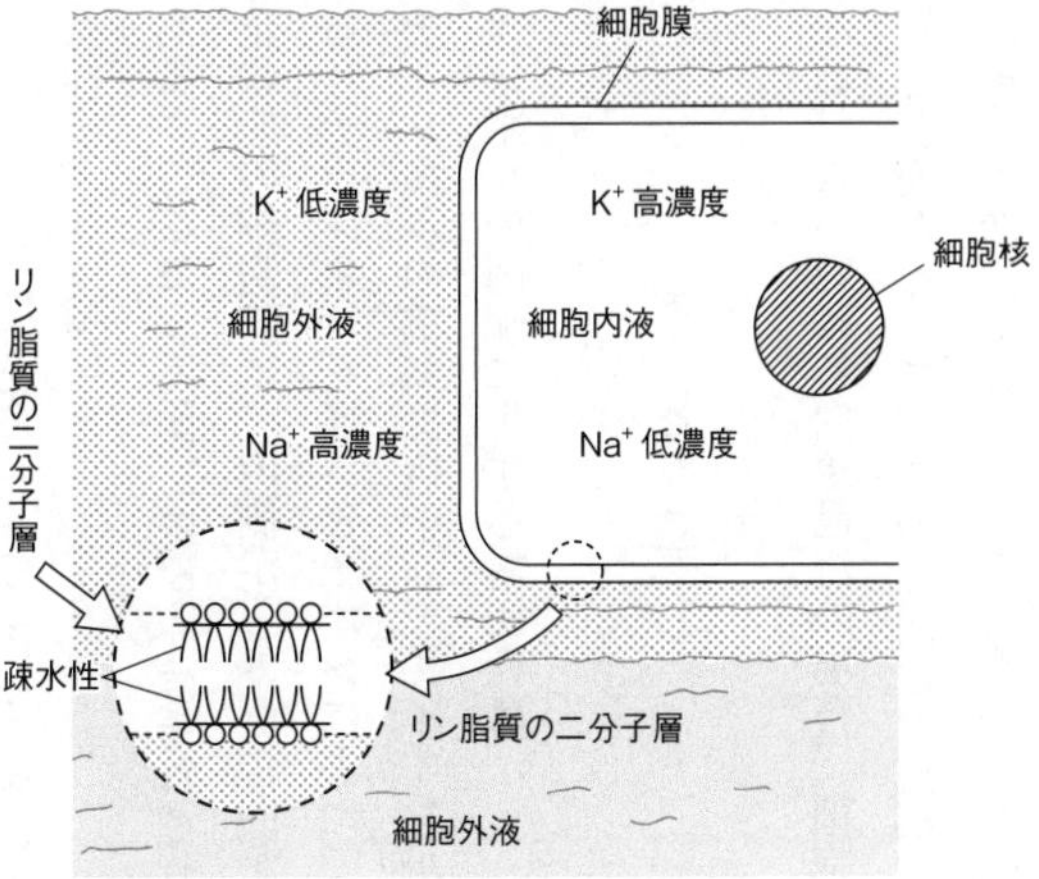

図4·2　細胞膜のＫチャンネルとNaチャンネル

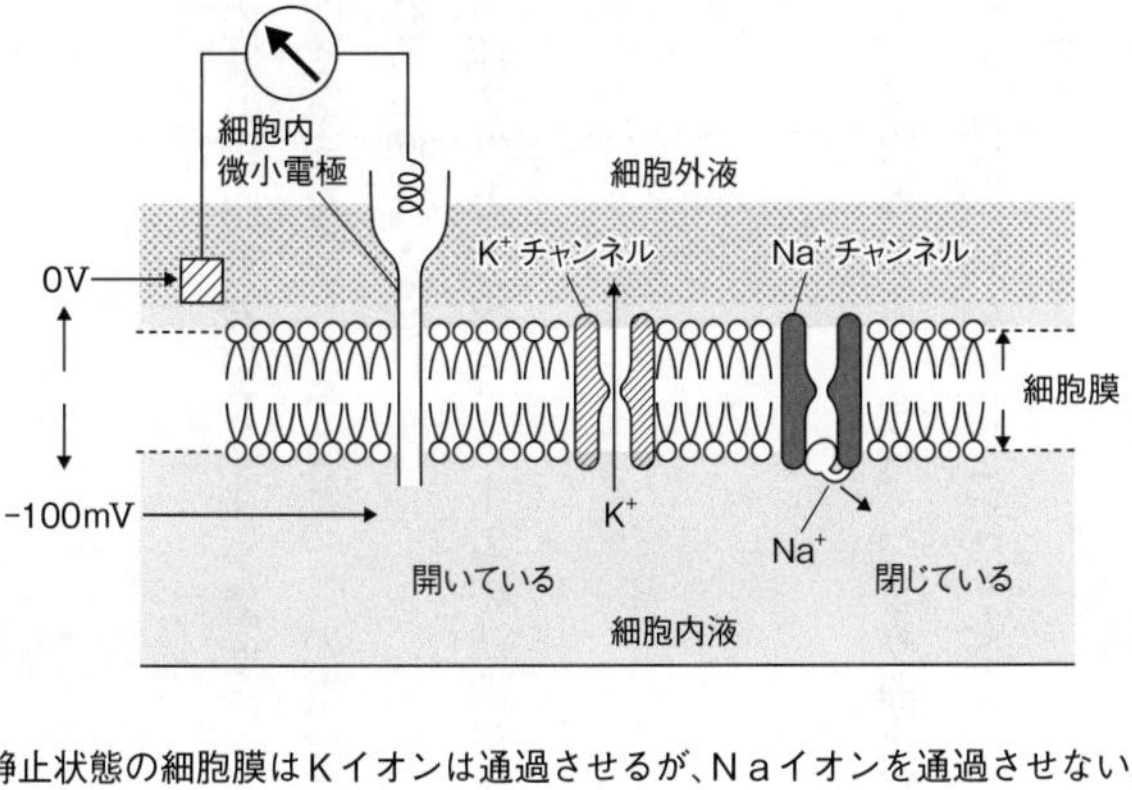

静止状態の細胞膜はＫイオンは通過させるが、Ｎａイオンを通過させない。

$$Vr = RT/F \cdot \ln[K]in/[K]out \qquad ①$$

である。ここで［K］in,［K］out はそれぞれ細胞内液と細胞外液のＫイオン濃度である。

静止状態の細胞膜に、内側から外側に向かう外向き電流を流してやると、この電流は開いているＫチャンネルを通るＫイオンによって運ばれる（図４・３）。

Ｋチャンネルの電気抵抗をRk、Ｋイオンが運ぶ電流をCkとすると、オームの法則により、Ｋチャンネルの両端に生ずる電圧Vkは、

$$Vk = Rk \cdot Ck \qquad ②$$

となる。このVkは外向き電流の場合、細胞内が正、細胞外が負である。つまり静止電位Vrとは符号が異なるので、この外向き電流が流れている期間、Vrの値は（Vr − Vk）となり、Vkだけ細胞外液の電位（０Ｖ）に近づく方向に変化する。

この現象を「外向き電流による細胞膜の脱分極」という。この「脱分極」という言葉は、

図4・3　細胞膜をよぎる外向きＫイオン電流による電位変化

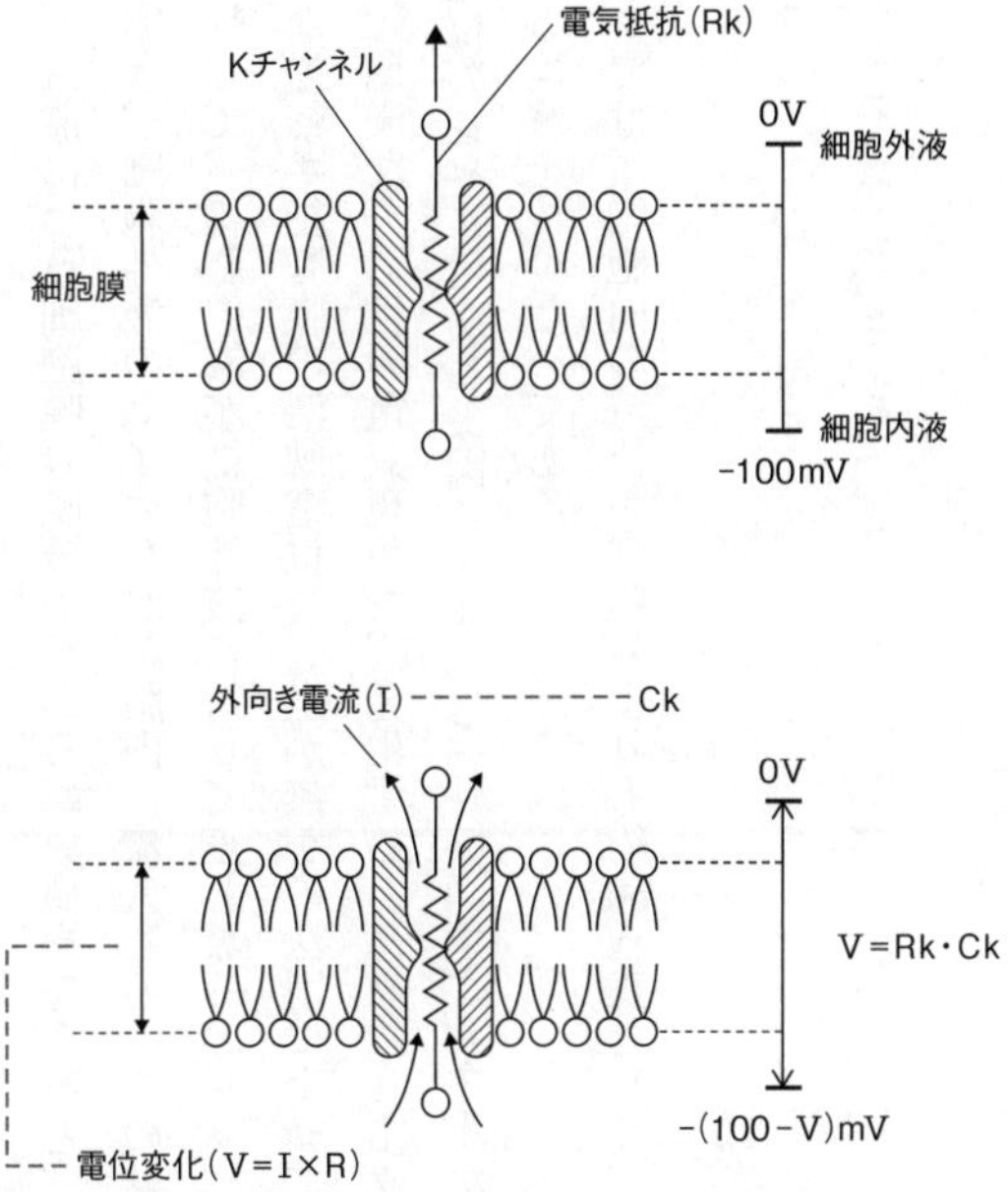

外向き電流を流すことで静止膜電位を減少させる

細胞膜の静止電位測定ができなかった昔、生理学者はすでに、細胞膜内外に電位差が存在すると予測し、この状態を「分極した状態」と呼んでいたからである。

さて、この外向き電流による細胞膜の脱分極がある臨界値を超えると、それまで閉じていたNaチャンネルが開き、細胞外液のNaイオンが細胞内に流入する。この結果、細胞膜内外の電位差は符号が逆転して、細胞内液が細胞外液に対して正となる。

この電位の急激な逆転が細胞膜の活動電位で、全か無かの法則によって起こる興奮の実態である。活動電位は急激な一過性の電気現象で、発生すると急激にピークに達し、ついで急激にもとの静止電位のレベルに戻る（図4・4）。これはNaチャンネルが、いったん開いた後、自動的に閉じる性質を持つためである。

活動電位のピークでは、細胞内の電位が細胞外よりも約50mV正となり、この活動電位の値Vaは、

$$Va = RT/F/\ln[Na]out/[Na]in \qquad ③$$

である。

図4・4　細胞膜と活動電位

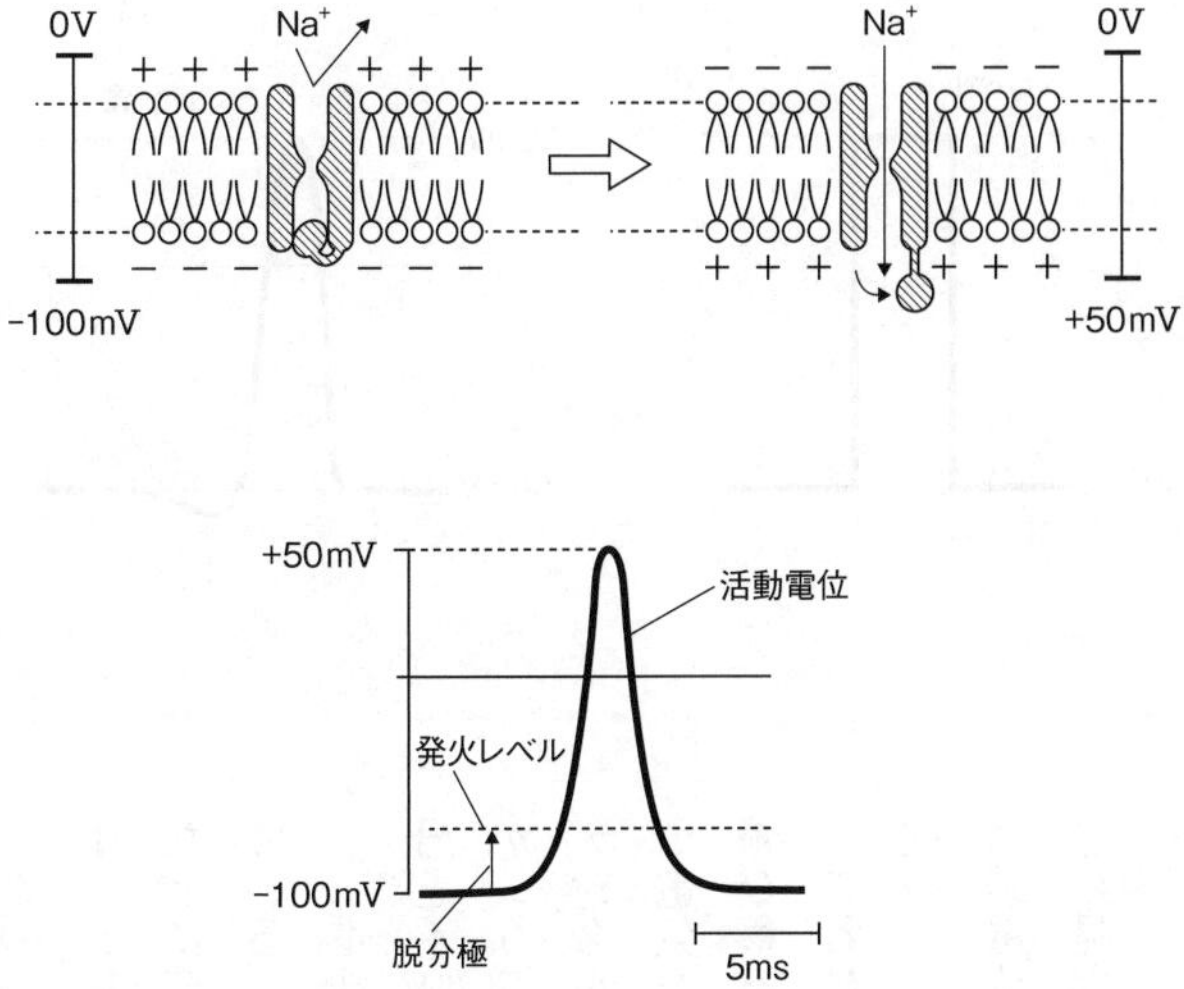

図4·5　単位デジタル信号（A）と活動電位（B）

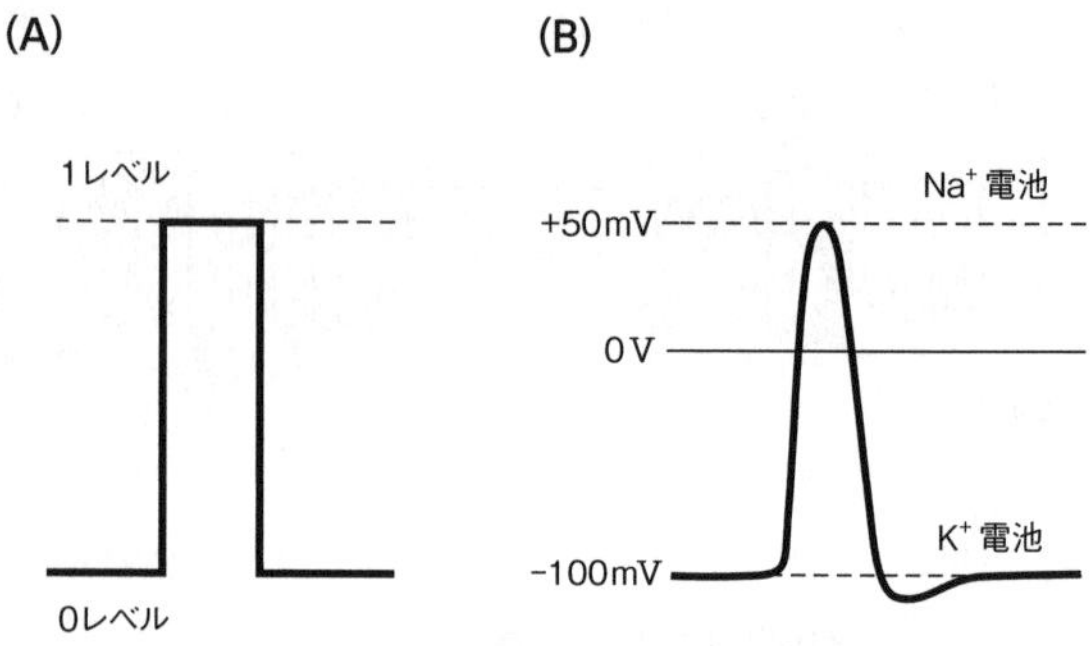

この活動電位は、人類が開発し、広くラジオ、テレビ、CD、DVD、コンピューターなどに使用されているデジタル信号と類似している。

二進法に基づくデジタル信号は、1、0信号とも呼ばれ、信号が出るか（1）、出ないか（0）の二通りの状態しかとらない。このデジタル信号の単位は、一定の幅と高さを持つ電気パルスで、0レベルと1レベルの間を飛び移る信号である（図4・5A）。

これに対し活動電位は、全か無かの法則に従って、細胞膜の電位差の静止電位レベルと活動電位のピークレベルを飛び移るパルス信号と見なすことができる（図4・5B）。

図4·6　ホジキン（左）とハクスレー（右）

四・二　活動電位を起こすイオン機構の解明

英国のアラン・ホジキンとアンドリュー・ハクスレー（図４・６）は、無脊椎動物ヤリイカが巨大神経線維（直径約一㎜）を持つことを利用し、その中に金属線を何本か差し入れて、ある限られた神経線維細胞膜の一部に、強い外向き電流を流して一様に活動電位を発生させた。そして電気的フィードバック回路により、活動電位発生中の細胞膜内外の電位変化を抑え、一定の値に保つのに要する電流を記録した（図４・７）。

この実験法は電気工学のフィードバック技

図4·7　ヤリイカの巨大神経線維による活動電位の研究（電位固定法）

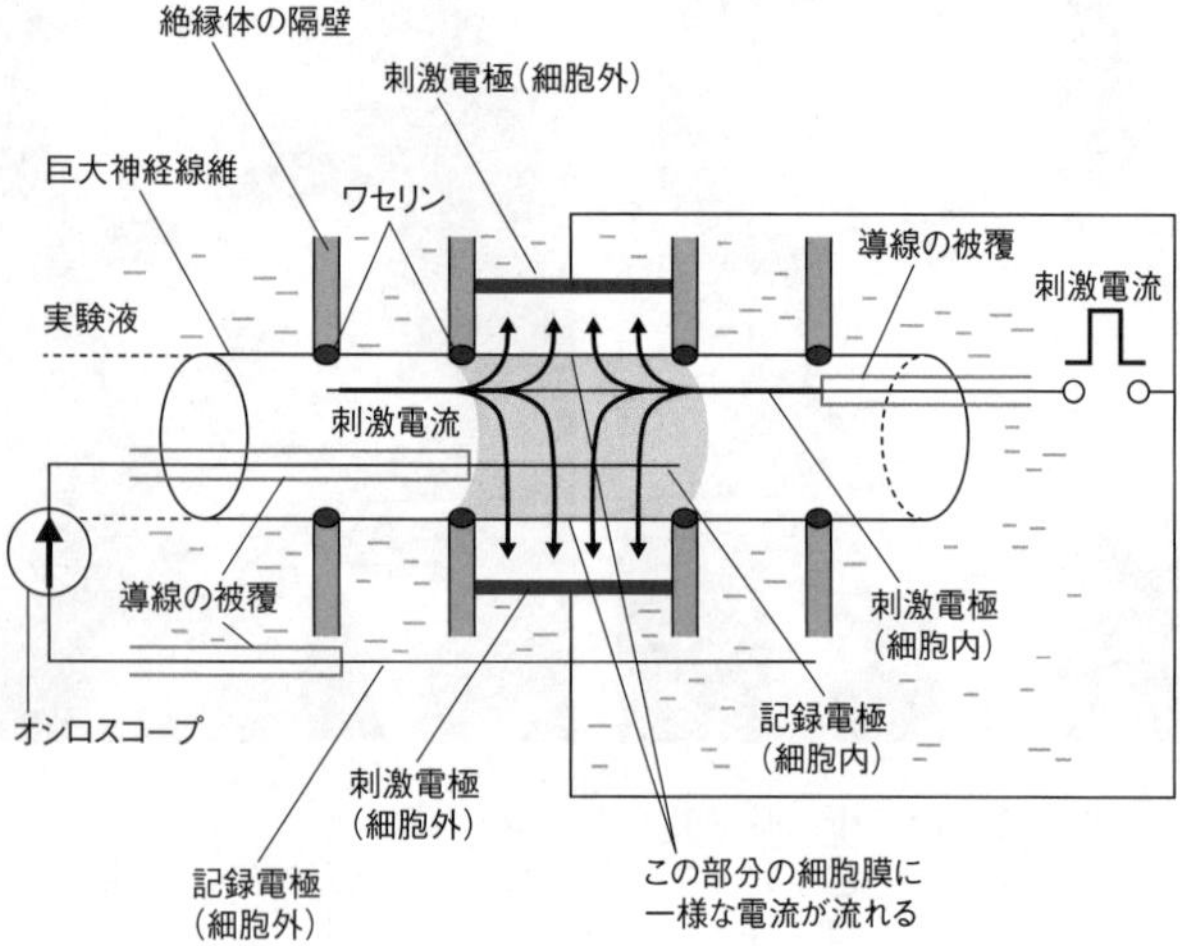

図中央部の絶縁体の壁の間の細胞膜（アミをかけた部分）は刺激電極からの外向き電流（矢印）により同時に一様に活動電位を発生し、その際の膜電位変化は記録電極により陰極線オシロスコープに記録される。

図4・8　活動電位を起こすNaイオンの内向き電流

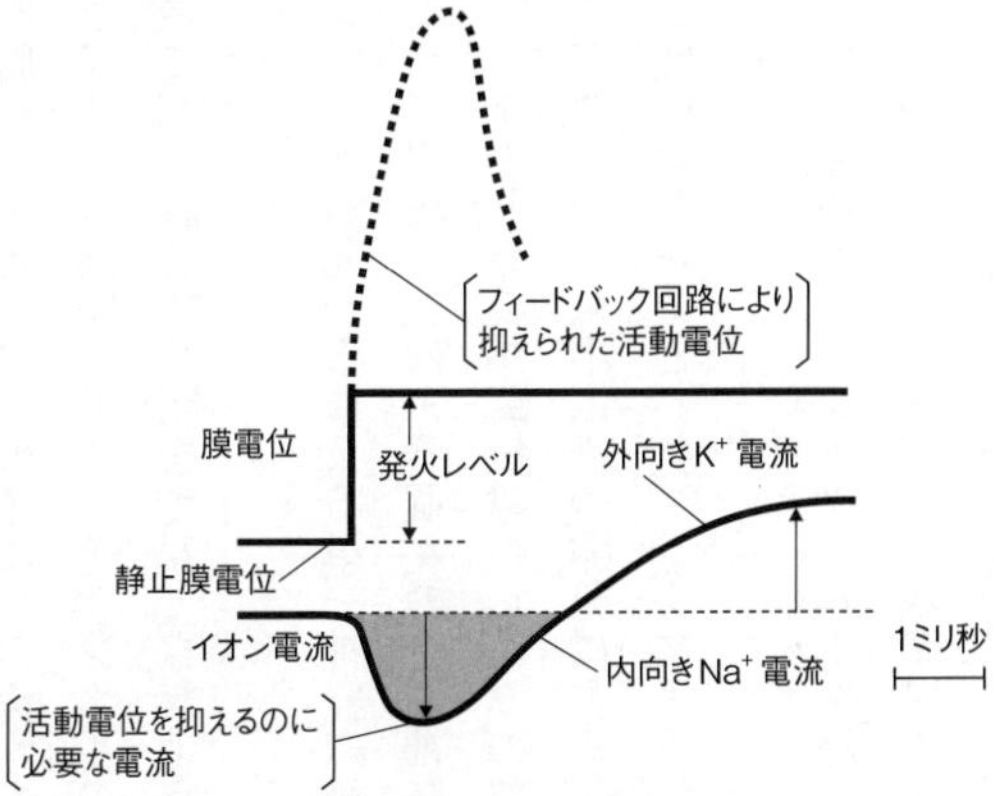

電位固定法により膜電位を発火レベルに固定し、発火レベルからの活動電位の立ち上がり（破線部）を抑えたとき、細胞膜を流れるフィードバック電流。

術を神経生理学に応用した画期的なもので、「電位固定法」と呼ばれ、以後神経生理学分野で広く使用された。

ホジキンとハクスレーはこの電位固定法により、活動電位の上昇期は、外向き電流により、細胞膜のNaチャンネルが一過性に開き、外液のNaイオンが神経線維内に流入することにより発生することを明らかにした。なお活動電位の下降期は、神経細胞内のKイオンが外部に流出する（図４・８）。

このようにして、ホジキンとハクスレーは、生体内を飛び交い、生体の生存を支える神経の活動電位を起こすイオンの動きを明らかにしたのである。

彼らは実験材料として、ヤリイカの巨大神

経線維を選ぶことによって、神経線維の中に金属電極を差し込み、電位固定法により神経線維細胞膜をよぎる個々のイオンの流れの測定に成功し、このイオンの流れは、細胞膜に存在するイオンの通路、イオンチャンネルの開閉によって起こることを明らかにした。

さて、これまで説明を重ねてきたように、神経を伝わる「興奮の謎」は、

（一）加藤元一らによる単一神経線維の分離
（二）田崎一二による個々の有髄神経線維における、全か無かの法則に従う「興奮」の発生とその跳躍伝導のしくみの解明
（三）ガラス微小電極の開発による、細胞膜内外の電位差変化としての活動電位の記録
（四）ホジキンとハクスレーによる活動電位のイオン機構の解明

という四段階のブレークスルーを経て解明されたのである。そしてこれら四つのブレークスルーのうちの二つまでが、我が国の生理学者によって達成されたのであった。

つまり、「減衰・不減衰」論争が行われた一九三〇年代から、跳躍伝導が発見された一九四〇年代を経て、一九五〇年初めのホジキンとハクスレーの電位固定法による活動電位のイ

オン機構の解明に至る神経生理学の長足の進展に、我が国の研究者は大きく貢献したのである。

ただし、ホジキンとハクスレーの研究は、発表直後から大きな称賛に包まれたが、我が国の加藤、田崎の研究は、我が国の国民性により冷淡に無視されたのであったが。

なお、紙数の制限のため詳しい説明は省略するが、大戦中から戦後にかけて、神経線維末端から筋肉への「興奮」の伝わり、あるいは神経線維から別の神経細胞（ニューロン）への「興奮」の伝わりのしくみが、英国のデール、カッツらによって解明された。

この神経筋肉間、あるいはニューロン間の接合部であるシナプスにおける電気現象も、盛んに研究された。さらに生体の環境変化を感知する、視覚、嗅覚、味覚、触覚などの感覚器における電気現象も、研究対象となった。

こうして現在の生理学、生物学の教科書に大きなスペースを占める知見がもたらされ、この知見を基礎とする臨床医学も進歩した。

こうして神経生理学は黄金時代に入ったのである。

四・三　神経生理学の黄金時代と、我が国の研究者の貢献

大戦中、あるいは大戦後に医学部を卒業した人々は、みな田崎の書いた『神経繊維の生理学』と『神経生理学序説』をバイブルのように熟読していた。彼らはまた、細胞内微小電極法と、ホジキン、ハクスレーらが開発した電位固定法を使用して、目覚ましい成果を挙げた。彼らの業績は、現在の生理学教科書に多く記載されている。

ここで思いつくままに名前と業績を列記してみると、

（一）海産動物、フジツボの巨大筋繊維を用いて、この筋繊維の活動電位がCaイオンの流入であることを発見した萩原《はぎわら》生長《すすむ》（東京医科歯科大学－カリフォルニア大学ロサンゼルス校教授）（図4・9）。

（二）神経・筋肉間のシナプス電位のイオン機構を明らかにした竹内《たけうち》昭《あきら》（順天堂大学医学部教授）

（三）皮膚の触覚受容器（パチニ小体）の圧力感知機構を明らかにした佐藤《さとう》昌康《まさやす》（熊本大

学教授）
（四）味覚の研究を行った高木貞敬《たかぎさだゆき》（群馬大学教授）
（五）フグ毒テトロドトキシンが細胞膜のNaチャンネルを阻害することを明らかにした楢《なら》橋敏夫《はしとしお》（ノースウエスタン大学教授）

などがいる。特に萩原は、それまで活動電位はもっぱらNaチャンネルの開閉により発生すると考えられてきた定説に反して、Caチャンネルの開閉による活動電位が存在することを示したことが特筆される。なぜなら、ヒトを含む温血脊椎動物の心筋や、平滑筋の活動電位はCa活動電位であり、萩原はCa活動電位の発見者として、生理学史に名を刻んでいるからである。

図4・9　萩原生長

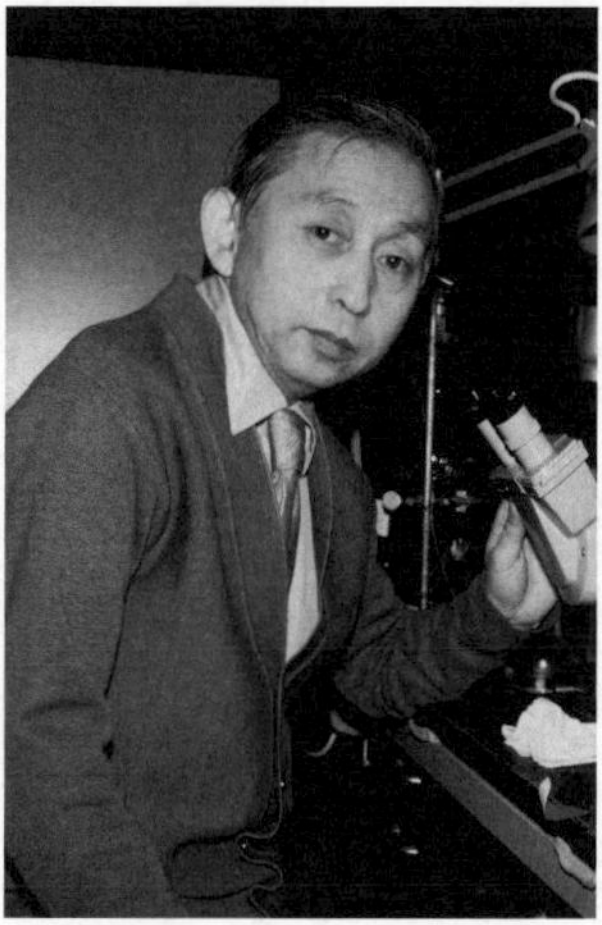

面白いことに、これらの人々は、楢橋を除き、あの「減衰・不減衰」論争で傍観者の立場をとった東大のW名誉教授の研究室出身で

あった。彼らはW教授に隠れて田崎の著書を読み、その精神を引き継いでいたのである。

ここで強調しておきたいことは、ホジキン、ハクスレーに始まる神経生理学の目覚ましい進歩は、「一般生理学」の立場で行われたことである。この立場を要約すると、

(一) 地球上の全ての生物の生命を維持するしくみは、基本的に共通である。これは生命維持のしくみの「一般性」を前提とする考えである。

(二) したがって、ある特定の生体の働きを研究するには、最も実験に適した生物の組織、器官を実験対象に選ぶべきである。

(三) こうして得られた結果、つまりある特定の実験試料から得られた結果は、広く他の生物にも当てはまること、つまり発見されたしくみの「一般性」の確認が必要である。

(四) この「一般生理学」の考えは、多くの研究によりその有効性が立証されており、科学の常道といってよい。

ホジキン、ハクスレーの研究は、上記の一般生理学の立場で行われた研究の典型的な例である。彼らは神経線維細胞膜の活動電位を発生させるイオンの動きを解明しようとし、この目的の達成には神経線維中に金属電極を差し込んで電位固定法を適用することが必要と考え、そしてそのような実験を可能とするイカの巨大神経線維を実験試料に選んだのである。

萩原がフジツボの巨大筋繊維を実験試料としたのも、その中に金属線を差し込んで電位固定法によりその活動電位のイオン機構を明らかにするためであった。

そして萩原が発見したCa活動電位は、その後、温血動物の心筋や平滑筋に広く見られることがわかった。つまりCa活動電位は、広くいろいろな動物に存在する、つまり一般性があることがわかっている。

さらに、現在の生理学の教科書で多くのスペースを占める感覚生理学の分野では、感覚器官が外界の変化を感知するしくみの研究には、まず一般生理学の立場から、最も実験に適した生物の受容器が実験試料として選ばれ、続いて、得られた結果の一般性が認められたのである。

このように、我が国の生命科学は、少なくとも神経生理学分野では、堂々と世界の研究の最前線を走っていたのである。

なお、筆者は生理学者であるため、ほぼ同時期の生化学の黄金時代についての記述は省略する。この黄金時代には、呼吸で生体内に取り入れられた酸素による炭水化物、脂肪、タンパク質などの栄養素の燃焼のエネルギーによる、細胞内通貨ＡＴＰの産生機構（クレブスサイクル〔クエン酸回路ともいう〕）を中心とする壮大な生体のエネルギー代謝の体系が明らかにされ、完成した（図４・10、図４・11）。

しかしこの知識の体系の構築に対する我が国の生化学者の貢献は、私の知る限り、奥貫一《おくぬきかず》男《お》による細胞内呼吸酵素の一つ、チトクロームｃの発見を除き、著しいものはなく、すでに説明した我が国の生理学者のそれに比べ、各段に見劣りがする。

四・四　単一イオンチャンネルの活動記録法の開発と、神経生理学の終焉

ものごとにはかならず始めと終わりがある。興奮の「減衰・不減衰」論争から始まって、興奮現象の研究は、まず加藤元一らにより単一神経線維の分離の成功で終わりを告げ、これに続いて田崎一二は、単一有髄神経線維における興奮の跳躍伝導機構を解明した。ここまでの時点で、我が国の神経生理学（あるいは生命科学といってもよい）は、世界の最先端を走

図4·10　三大栄養素がクエン酸回路に入る経路と、これに必要なビタミン類

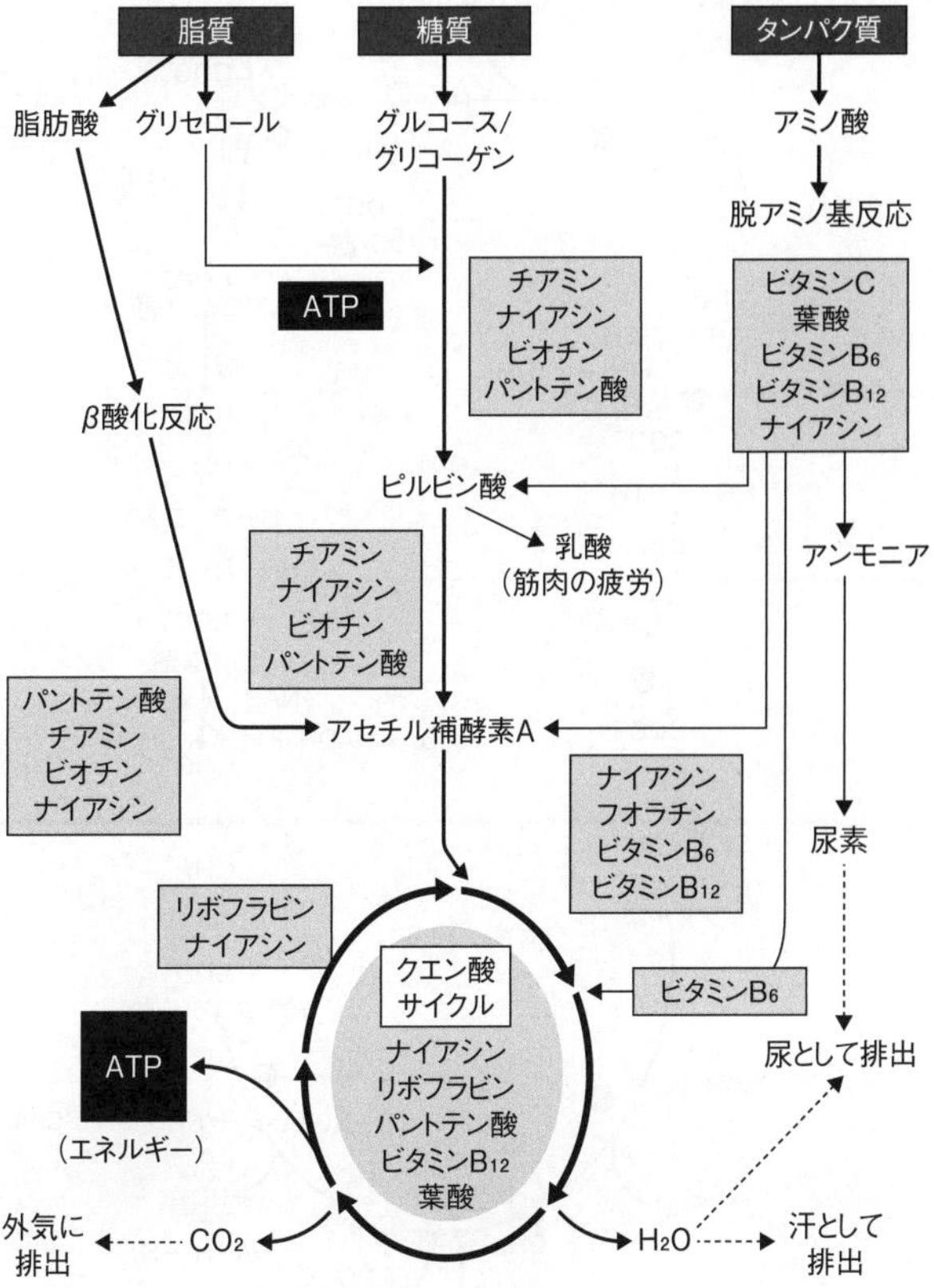

図4·11　クレブスが発見したクエン酸回路

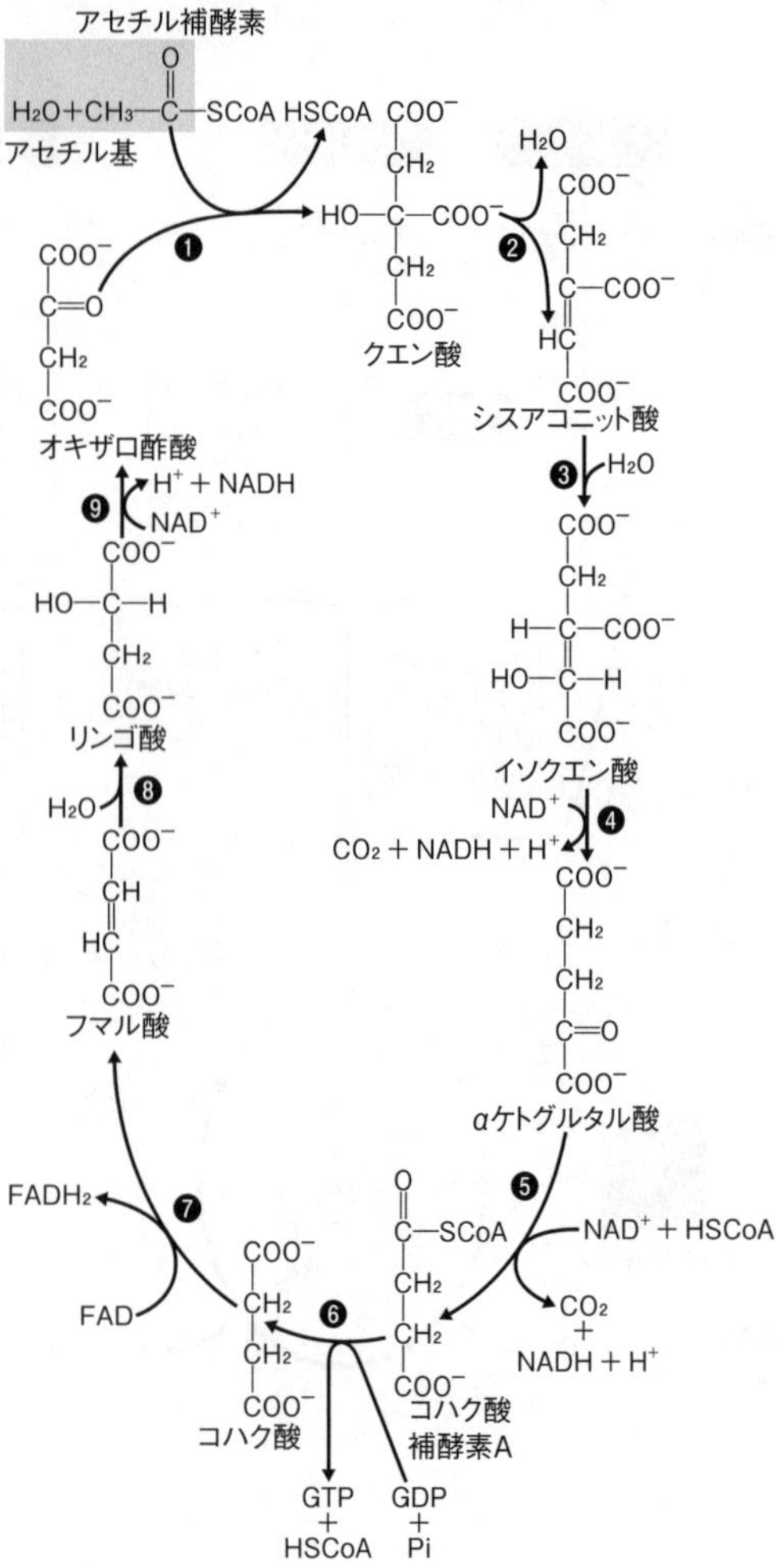

っていたのである。

そして大戦後のエレクトロニクス技術の進歩により、細胞膜における全か無かの法則に従って起こる興奮の実態は、この膜電位の一過性の急激な変化、つまり「活動電位」であることが明らかとなった。この活動電位は、前述したとおり、人類が発明した二進法によるデジタル信号に対応するものであった。大自然は、生体を飛び交う電気信号に、このデジタル信号方式を採用していたのである。

これらの発見は、一般生理学の研究原理により、実験に適した無脊椎動物の巨大神経線維を実験試料として行われた。そして生体が外界の変化を感知する種々の感覚器における電気的変化が次々と明らかにされた。この分野での我が国の生理学者の貢献は著しく、先駆者、加藤、田崎らの築いた伝統は立派に受け継がれていた。

しかし、さしも隆盛を極めた神経生理学も、終焉を迎えるときが迫りつつあった。

まず活動電位を引き起こす原動力である、細胞膜のイオンチャンネルの構造の、生化学者による解明が世界各国で進展した。この研究分野では、我が国の沼正作《ぬましょうさく》らのNaチャンネルの構造の研究など、我が国の研究者の貢献が顕著である。一方で生理学者は、このような分野の研究には手が出せなかった。

しかし我が国の生理学者は、興奮性細胞における個々のイオンチャンネルの活動の記録に、欧米の研究者に伍して努力した。彼らが用いた実験試料は、球形の大型の卵細胞などで、この細胞膜表面にガラス細管を密着させ、これに強い陰圧を加えて細胞膜の一部を破壊する。この操作により、ガラス細管を介して強い電流を卵細胞の無傷の細胞膜をよぎって流すことが可能となる。

細胞膜に外向き電流を流し、電位固定法により細胞膜を脱分極させると、脱分極がある値に達すると、電位固定された膜電位に重なって、振幅が一様で持続の短いパルス状の電位変化が現れる（図4・12A）。

この実験法では、ガラス細管下の細胞膜が破壊、除去された箇所から、卵細胞内の細胞液を種々のイオン組成の実験液に置き換えることができる。Naイオンを含まない実験液で細胞液を置き換えると、パルス状の電流は消失するので、これは個々のNaチャンネルの開閉による内向き電流であることがわかった。

しかし、大型の細胞の細胞膜には、Naチャンネル以外の多くの種類のイオンチャンネルが存在するので、実験結果の解釈が困難になる。そこで研究者たちが目指したのは、細胞膜の小部分のみを用いて、ここに存在するただ一個のイオンチャンネルの研究を行うことであっ

図4·12　(A)卵細胞で記録されるNaチャンネルの開閉にともなうパルス状内向き電流、(B)パッチクランプ法による細胞膜の微小部分の単離

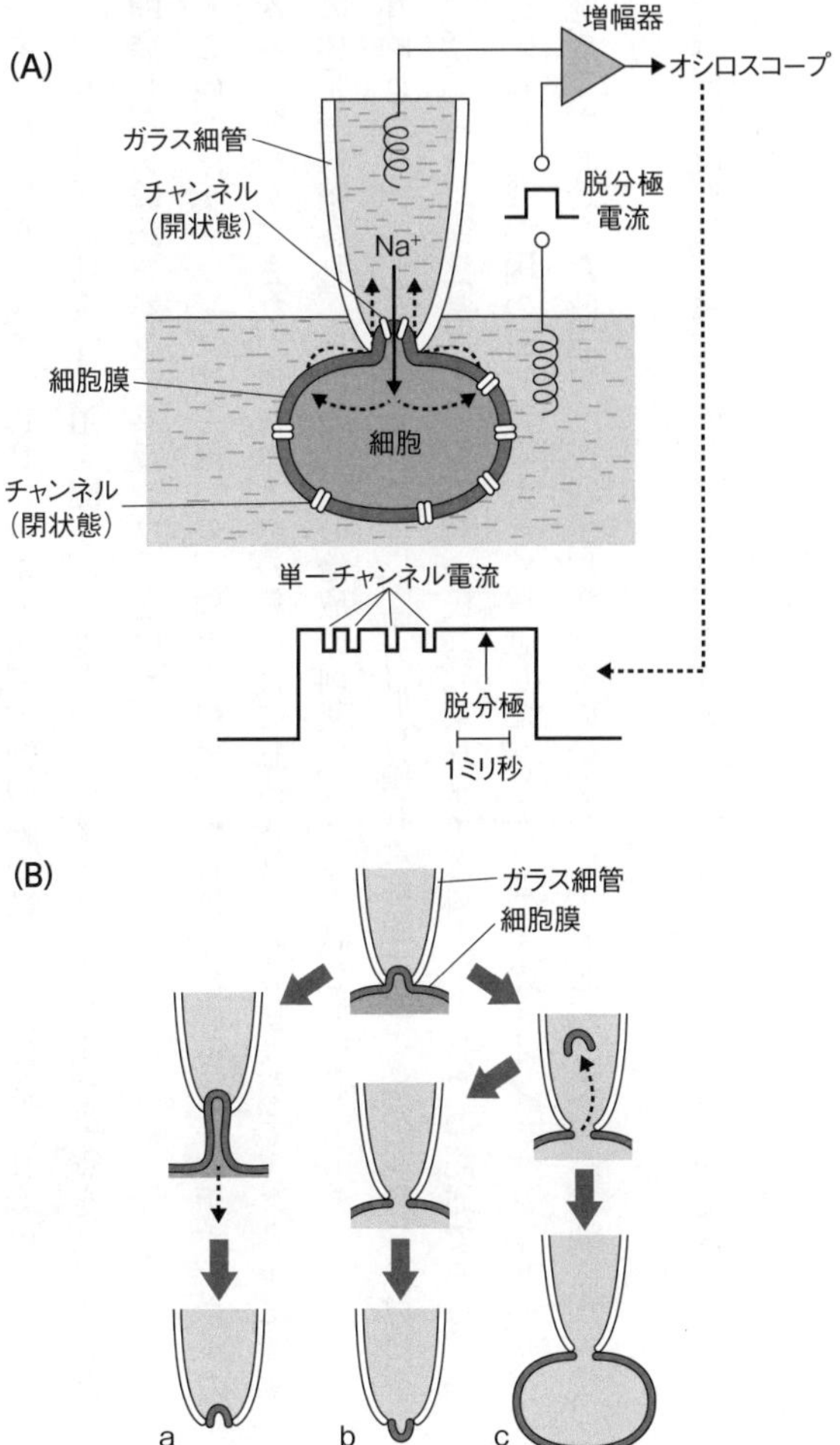

た。そしてこれに成功したのが、ドイツの生理学者、エルヴィン・ネーアーとベルト・ザックマンであった。彼らは図4・12Bに示す方法で、細胞膜の微小部分に含まれる単一のイオンチャンネルの性質を研究する道を開き、一九九一年にノーベル医学生理学賞を授与された。彼らの開発した実験法をパッチクランプ法という。

以後、このパッチクランプ法を用いて、種々の組織、器官に存在するイオンチャンネルの機能が次々と明らかにされ、現在の大部の教科書に記述されている膨大なチャンネルに関する知識の体系が構築され、種々の疾病の治療や創薬に大きく貢献している。

手前味噌になるが、この分野の知見に関する最も優れた解説書は、私が監修した教科書『人体機能生理学』（南江堂）中の宮崎俊一氏（元東京女子医科大学学長）の記述である。

この分野にも、我が国の研究者は大きく貢献した。しかし個々のイオンチャンネルのレベルに研究対象が到達した時点で、神経生理学はその輝かしい実績を残して終焉を迎えたのである。

なおほぼ同じ時期に、生化学の分野では、京都大学医学部の早石《はやいし》修《おさむ》とその門下の沼正作、西塚《にしづか》泰美《やすとみ》らが大きな貢献を行った。

第五章　理化学研究所での脳科学総合研究センターの創設と、脳研究の不振

前章で述べたように、第二次世界大戦後のエレクトロニクス技術の発展は、神秘的であった興奮現象を、細胞膜の電位変化、活動電位として捉えることを可能とし、さらに一般生理学の研究原理によって、実験に適した無脊椎動物の巨大神経線維などを使用することにより、活動電位を引き起こすイオンチャンネルの働きが解明された。

これに引き続き展開された神経生理学の黄金時代により、現在の大部の生理学教科書の知識の体系が構築された。この時代の我が国の生理学者の貢献は著しい。

しかし、単一のイオンチャンネルを細胞膜の小片とともに単離し、その性質を研究するパッチクランプ法が開発され、またイオンチャンネルの分子構造とその開閉機構が解明されると、隆盛を極めた神経生理学に終焉が訪れた。この終焉はしかし、学問が行き詰まったのではない。研究対象が分子レベルで極め尽くされたためなのである。

こうして細胞膜レベルでの神経活動の研究が、その目的を達し終焉すると、研究対象として期待され、脚光を浴び始めたのが脳の研究であった。ここでは個々の細胞の電気的活動よりも、多数の神経細胞（ニューロン）が形成するニューロン回路が研究対象となる。

そして多大な期待とともに、高峰譲吉が創設し、後に国立の研究機関となった理化学研究所に、脳科学総合研究センターが設置された。

しかし残念なことに、初代センター長に就任した伊藤正男による、一般生理学の研究原理を否定する脳科学総合研究センターの方針により、同センターの活動は沈滞した。また我が国の政府の同センターに対する、その活動に比して明らかに過大な研究費の支出も、現在の我が国の生命科学の周回遅れの原因の一つとなった。

五・一　脳科学総合研究センターの設立のいきさつ

我が国の理化学研究所は一九一七年、高峰譲吉の私財と政府の補助金により東京の駒込に創設された。高峰は実学の人で、大学では独創的研究の芽が伸ばせないと思い、理化学研究所を財団法人として、多くの研究者を集め研究に専念させるとともに、「理研ビタミン」の名称でビタミン剤の製造、販売を行った。

この理化学研究所に在籍し、ノーベル物理学賞を授与された朝永《ともなが》振一郎《しんいちろう》は、「理化学研究所は学者の自由な天国である」と称賛している。終戦時、まだ小学校六年生であった私が理研の名を知ったのは、進駐してきた米軍が、理研のサイクロトロンを海中に投棄する際、理研所長の仁科芳雄博士がこれに別れを惜しんでいる衝撃的な写真を見たときであった。後に

図5・1　伊藤正男

図5・2　エックルス

米国は、この処置は誤りであったと謝罪したが、後の祭りであった。

その後、理化学研究所は和光市に移転して国立の理化学研究所となり、さらに一九九七年、同研究所内に我が国の脳研究の中心となるべき「脳科学総合研究センター」が創設され、東大医学部教授であった伊藤正男氏が所長に就任した（図5・1）。伊藤氏は若い頃、オーストラリアの生理学者ジョン・エックルスのもとに留学し、エックルスの実験手法を学んで帰国した。

エックルス（図5・2）は、英国のオックスフォード大学でネコの脊髄反射のしくみを明らかにしたチャールス・シェリントンの研究室で仕事をした後、オーストラリアのシドニーに我が国の兼松江商の資金で創設された兼松記念病理学研究所に赴任し、さらにキャンベラのオーストラリア国立大学に移り、ネコの脊髄反射の研究で一九六三年、ホジキン、ハクスレーとともにノーベル医学生理学賞を受賞した。

エックルスの恩師シェリントンは偉大な生理学者で、貧弱な実験装置しかなかった時代、動物の四肢の関節における「相反性抑制」のしくみを解明した。

関節には、これを伸ばす伸筋と、これを曲げる屈筋が付着しており、これらを拮抗筋《きっこうきん》という。拮抗筋の一方が収縮するとき、他方の筋の収縮は自動的に抑制され、その結果、関節の屈曲が滑らかに行われる。これが相反性抑制である。

エックルスは、微小電極によるニューロン細胞膜の電気的変化記録が可能になると、直ちにこの手法を、筋肉の収縮を支配する脊髄の運動ニューロンに適用し、相反性抑制のニューロンレベルでのしくみを調べた。そして麻酔下のネコの脊髄で、拮抗筋を支配する運動ニューロンに抑制性シナプス電位を発見し、先に述べたようにホジキン、ハクスレーとともに一九六三年、ノーベル医学生理学賞を受賞した。

ここまでに述べてきたように、この頃、個々の細胞レベルでの研究を行う神経生理学は、その目的を達成し終焉を迎えており、これに代わる生理学者の挑戦対象は、もっぱら脳の複

図5·3　シナプスの構造

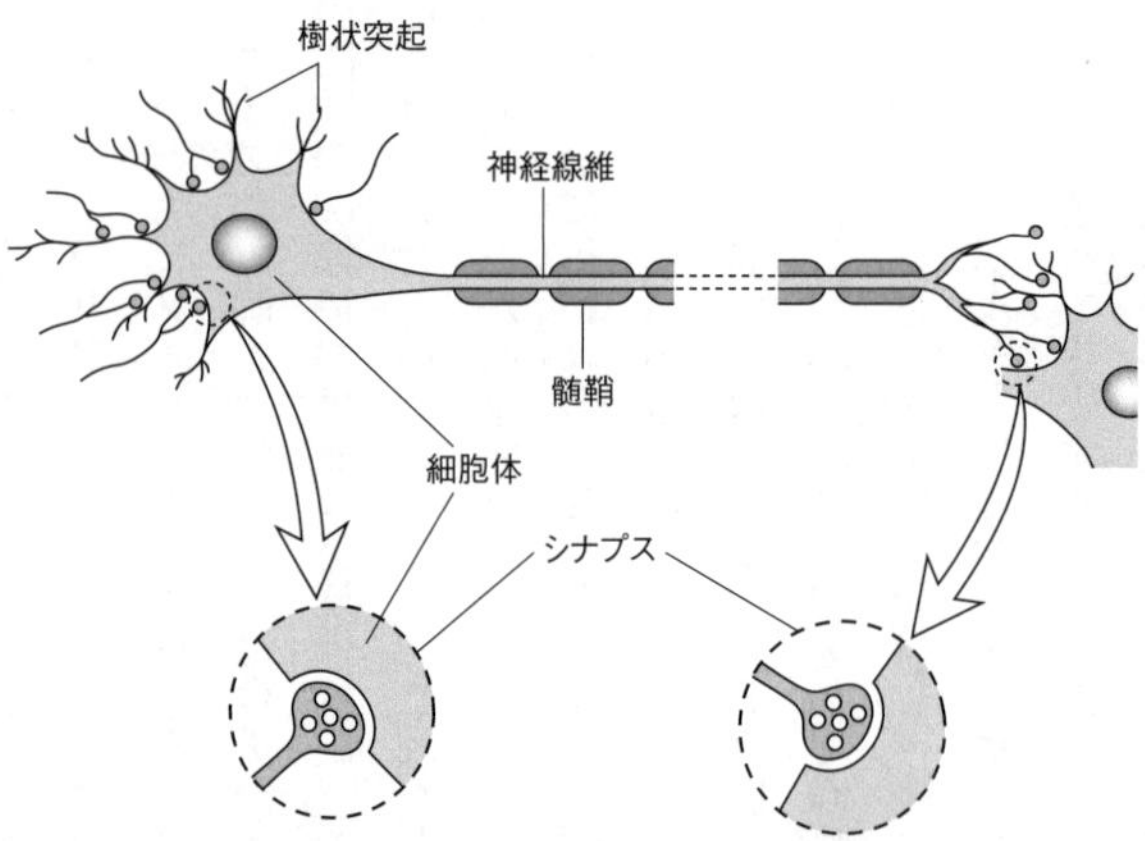

雑・精妙な神経回路である、と考えられていた。理化学研究所における脳科学総合研究センターの設置と、脊髄の反射回路を解明したエックルスのもとで学んだ伊藤のセンター長就任はごく自然の成り行きであった。

五・二　神経細胞（ニューロン）を機能的に結ぶシナプス

ここでニューロンとニューロンを機能的に結びつけるシナプスについて説明しておこう。

ニューロンの細胞体からは、多数の短い樹状突起と、一本の長い神経線維（軸索）が突き出ている。この軸索末端は枝分かれし、個々の末端は大きく膨らんで、他のニューロン細胞体あるいは樹状突起の細胞膜と向き合う。この構造をシナプスという（図5・3）。シナプスにおける軸索末端には「シナプス伝達物質」という化学物質が、多数の顆粒として含まれている。軸索末端に活動電位が到達すると、この伝達物質が放出され、ニューロンの細胞膜上の受容体に作用し、ここでシナプス電位を発生させる（図5・4A）。

シナプス電位には、興奮性と抑制性の二種類がある。興奮性シナプスでは、神経線維末端から興奮性伝達物質を放出し、興奮性シナプス電位を発生させ、ニューロン細胞体の膜を脱分極させる。個々のシナプス電位の振幅は小さいが、シナプスに高頻度で活動電位が到着すれば、重なり合って振幅が増大し、この値が臨界値を越えれば、ニューロン細胞膜に活動電位が発生し、さらに他のニューロンへと伝わってゆく（図5・4B）。

これに対し抑制性シナプス電位は、ニューロン細胞膜に、過分極（脱分極とは反対方向の電位変化）を起こし、ニューロンからの活動電位発生を阻害する（図5・4C）。

このように興奮性シナプスは、全か無かの活動電位がニューロン回路を伝わる際、その伝わる方向を決めるばかりでなく、活動電位の頻度に依存して、活動電位がシナプスを通過させるか否かを決めているのである。

また抑制性シナプスは、他の特定のニューロンからの活動電位が到着すると、過分極を起

図5·4　興奮性シナプスと抑制性シナプス

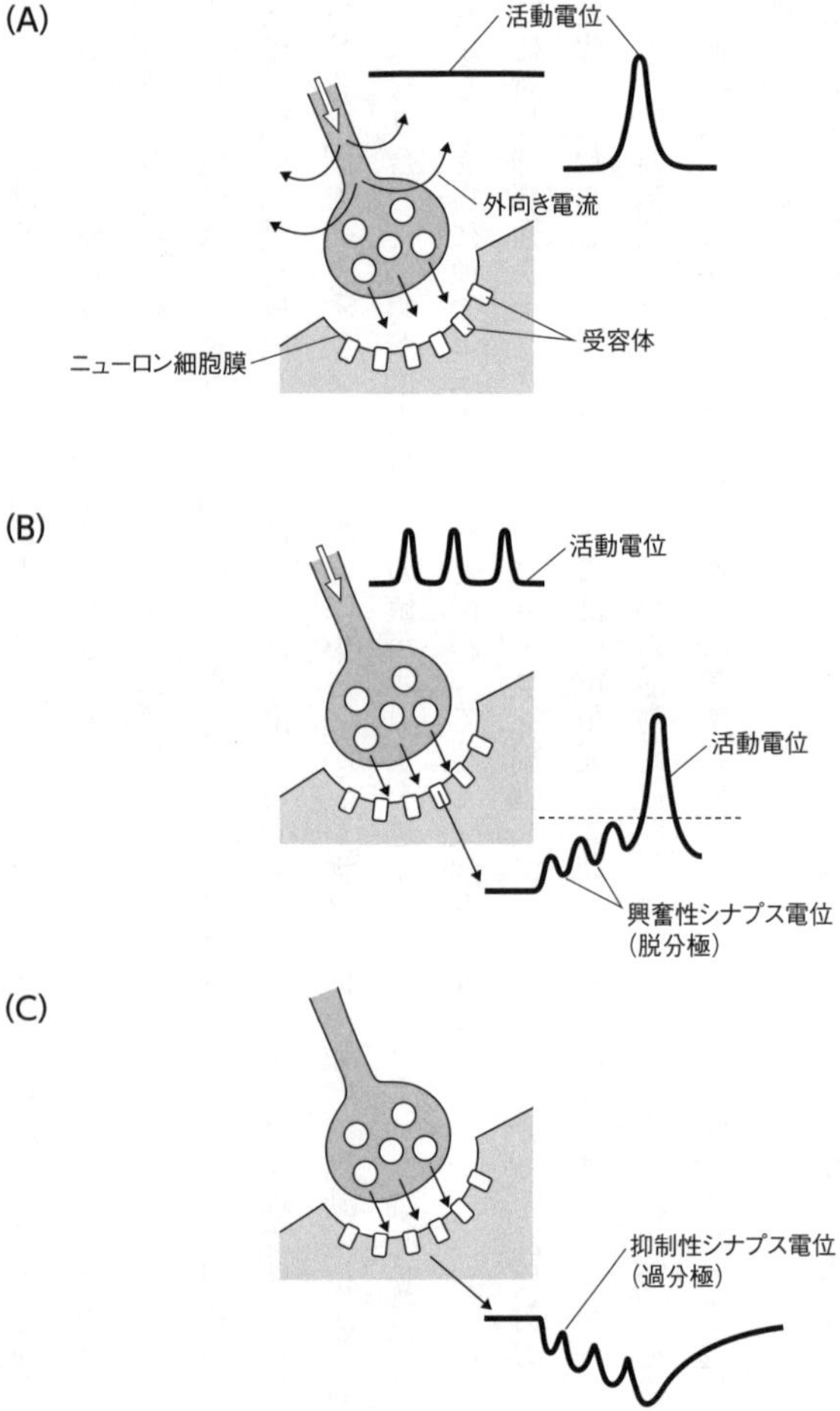

図5・5　麻酔をしたネコの肢の屈筋を支配する運動ニューロンに微小電極を刺入する

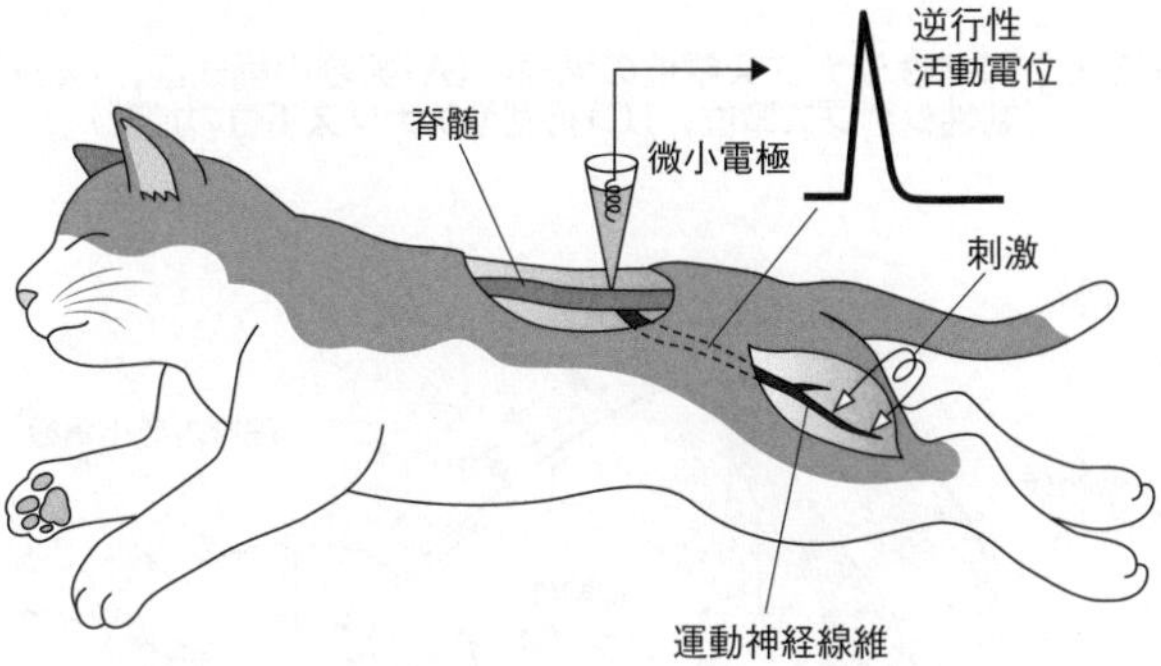

こし、ニューロンからの活動電位発生を阻害する。このように神経線維末端から放出されて抑制性シナプス電位を発生させる物質を、抑制性伝達物質という。

ここでエックルスが、実験動物（ネコ）の後肢の関節で抑制性シナプス電位を発見した実験を説明しよう。

まずネコに深い麻酔をほどこし、その後、肢の屈筋を支配する運動ニューロンに微小電極を刺入する（図5・5）。脊髄の運動ニューロンには夥しい数の他のニューロンからの神経線維末端がシナプスを形成しているが、全て麻酔により活動が阻害されているため、他のニューロンによる運動ニューロンの細胞

図5·6　抑制性シナプス電位の発見。(A)実験の模式図、(B)抑制性シナプス電位、(C)抑制性シナプス電位の加重

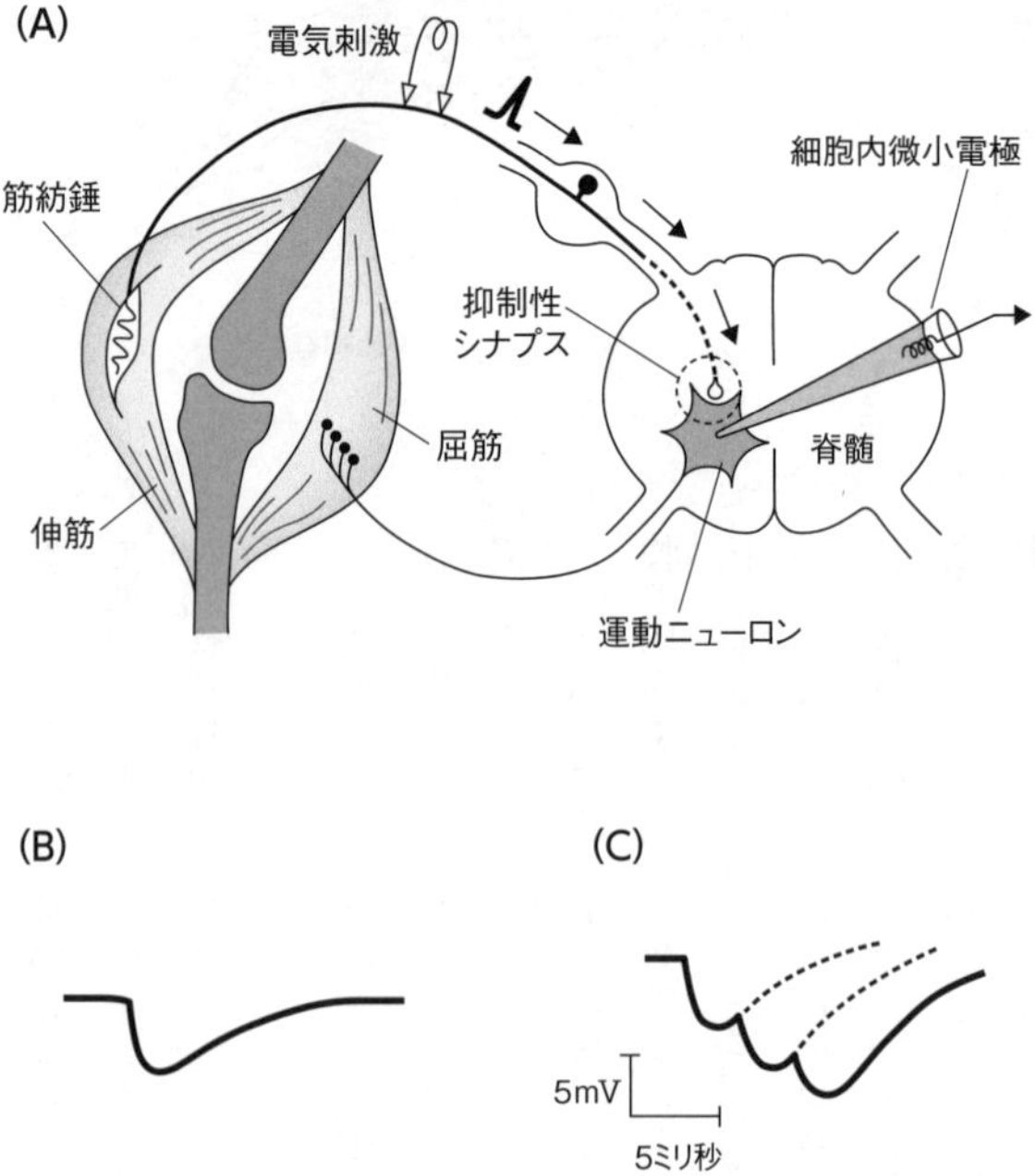

図5・7　関節の屈筋と伸筋間の相反性抑制回路

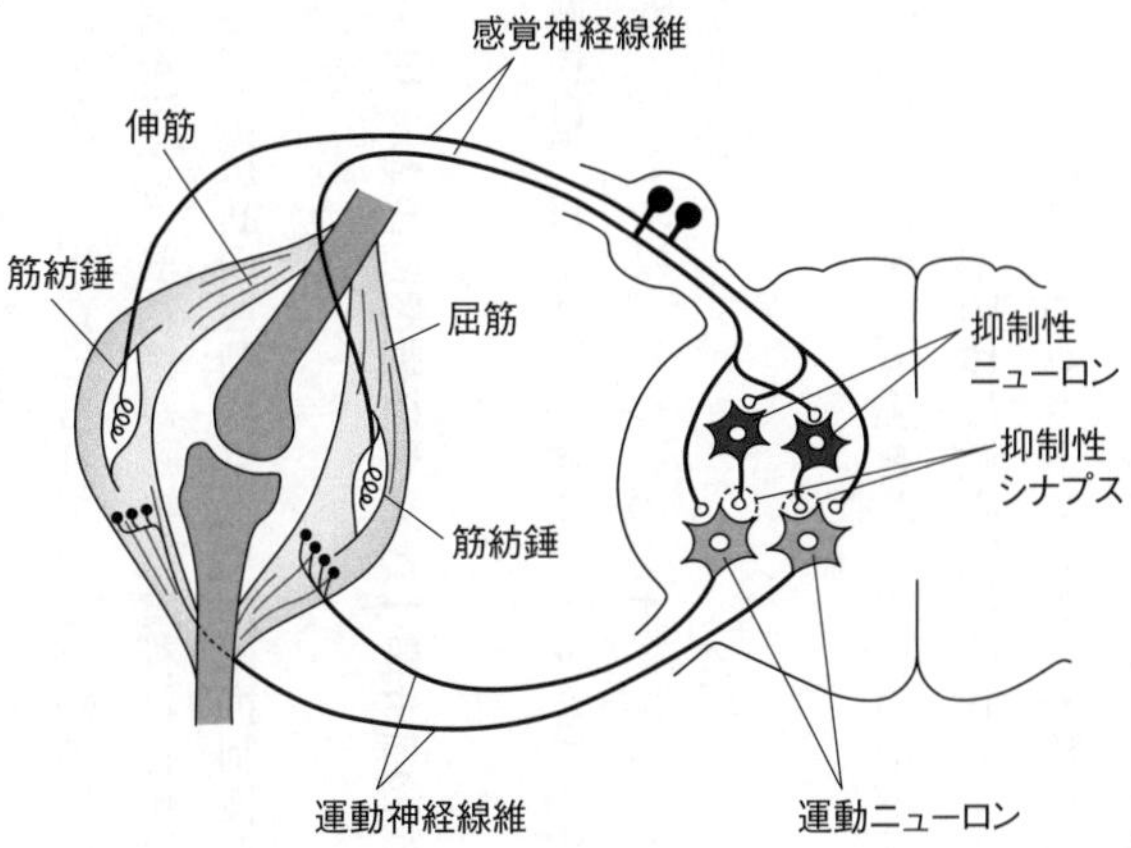

膜の電気的変化は一切起こらない。

　このような条件下で、ネコの後肢の伸筋に連絡する感覚神経を刺激すると、微小電極を刺入した屈筋の運動ニューロンに、過分極を起こす抑制性シナプス電位が記録された（図5・6）。

　このエックルスの抑制性シナプス電位の発見以前から、筋肉内には筋紡錘《きんぼうすい》という感覚器があり、筋肉が収縮すると活動電位を発生し、感覚神経線維を介して脊髄に信号を送ること、そしてこの筋紡錘からの感覚神経が相反性抑制に必要であることも知られていた。

　したがってエックルスは、関節の伸筋と屈筋の間に起こる相反性抑制の実態として抑制性シナプス電位を発見し、恩師シェリントンの考えを立証したのである。

図5・7に、現在知られている脊髄の伸筋と屈筋を支配する運動ニューロン間の相反性抑制回路を示す。筋紡錘からの感覚神経線維は、抑制性ニューロンという小型のニューロンを介して、拮抗筋の運動ニューロンに抑制性シナプス電位を発生させるのである。

五・三　神経回路網の研究と一般生理学の研究原理の否定

伊藤氏は、以下に要約するエックルスの実験手法をそっくり我が国に持ち帰り、研究を開始した。ここでは、神経系のシナプスの説明も兼ねて、エックルスの開発した実験手法を要約する。

（一）ネコに深い麻酔をかけ、その中枢神経系を露出し、ある特定の神経細胞（ニューロン）の細胞体に微小電極を刺入する。深い麻酔を使用する理由は、個々のニューロンには他のニューロンからの夥しい数のシナプスが存在し、無麻酔状態ではこのシナプスを介して夥しい電気信号が飛び交っており、麻酔でこれらのシナプス活動を停止させておかねば実験が不可能なためである。

(二) ついで、この微小電極を刺入したニューロンと機能的に連絡していると予想される別なニューロンを刺激し、微小電極を刺入したニューロン細胞体で電気変化が起こるか否かを調べる。

(三) 電気変化が記録されれば、刺激されたニューロンで発生する活動電位が、神経線維に沿って伝わり、微小電極を刺入されているニューロンに達したことを意味する。

(四) この電気的変化が、興奮性シナプス電位か、あるいは抑制性シナプス電位であるかにより、二個のニューロン間の機能的結びつきがわかる。

伊藤らは東大で上記の方法により、ネコの脊髄、脳幹部、小脳などでさまざまな様式のニューロン間の機能的連絡様式、つまりニューロン回路を研究し、その結果を医学部学生に熱っぽく講義した。

しかし、私を含む多くの研究者は、伊藤の「成果」に懐疑的であった。なぜなら、エックルスが成功した相反性抑制回路は、反射回路として最も単純で強固な回路で、深い麻酔の影響を受けなかったが、その他のニューロン回路は、麻酔の影響を受けて非可逆的に変化するのを避けられない。

したがって、深い麻酔下に見出されたニューロン回路は、ネコが目覚めているときにはどんな働きをするか、と問われると返事ができないのである。東大医学部学生はさすがに賢明で、彼の講義は「伊藤先生の見つけたニューロン回路はみな、動物が目覚めているとき何の役に立っているかがわからない」と不評であった。

それにもかかわらず伊藤は、脳科学総合研究センターにセンター長として赴任すると、一般生理学の研究法の原理を真っ向から否定し、昆虫や他の無脊椎動物の中枢神経系の研究を行っている研究者に向かって、「無脊椎動物の脳などは脳ではない、こんなものを研究しても高等動物の脳の研究には役立たない」と公言した。

そしてこれと同時期に、あるテレビタレントが、「世の中には昆虫の脳などというくだらないものを研究している者がいる。税金の無駄使いだ」と言い立てたのである。

この影響は当時の文部省の方針にたちまち現れ、昆虫など無脊椎動物の脳（微小脳と呼ばれる）を研究していた生物学者の研究費は、当時の文部省により大きく減額され、文字通り「微小予算」に減額されてしまった。

このとき、昆虫の「微小脳」研究計画のまとめ役であった上智大学の青木清氏は、脳科学の権威である久保田《くぼた》競《きそう》氏に、「とんだことになり困っています。テレビタレントの放言に対し、医学部の先生が反論していただけないでしょうか」と懇願したのである。これも情けない話である。

皮肉なことにちょうど同じ時期に、米国コロンビア大学のキャンデルらが、海産軟体動物アメフラシがその鰓《えら》をひっこめる反射に着目し、この反射に関与する化学物質を解明した業績でノーベル医学生理学賞を受賞した。このような場合、通常、新聞紙上にこの業績に対するコメントが掲載されるが、このコメントを出すべき理化学研究所からは何の反応もなかった。さぞ苦《にが》り切っていたことだろう。

しかし驚いたことに、米国でも間もなく、「神経系の研究としてイカの巨大神経を使用する申請は今後認められない」ことになったのである。イカの巨大神経の使用により、薬物には細胞膜の外側から作用するものと、細胞膜に入ってその内側から作用するものがある、という薬理学上重要な発見をした楢橋敏夫（ノースウエスタン大学教授）は、「近頃イカはイカンということになってしまったよ」と嘆いていた。

米国でもこのように、一般生理学の原則に反する「愚行」が行われた理由は不明である。

五・四　脳科学総合研究センターの研究の停滞

一九九三年、理化学研究所に脳科学総合研究センターが設立されるのに先立ち、朝日新聞社の後援により、「脳の世紀」と題するシンポジウムが開催され、その記録は立花隆により『脳を究める——脳研究最前線』（朝日新聞社）として出版された。

伊藤はこの本の巻頭で持論を述べている。これを要約すると、

（一）現在我が国の脳研究は、米国に比べて質、量ともに劣っている。
（二）この原因は我が国の脳研究費が米国の十分の一に過ぎないためである。
（三）したがって我が国の政府は、脳研究のため巨額の補助金を支出することが必要である。

この伊藤の主張には誇張があった。なぜなら、米国が研究者に与える研究費には、研究者の給与と、研究者が所属する研究機関が研究者に提供する施設・設備費などが含まれている

からである。これに対し我が国では、研究者は研究機関の職員として研究費申請の成否とは無関係に安定した給与を得ており、研究機関の設備も研究費申請の有無にかかわらず維持されていたからである。

しかし彼の誇張した研究費に関する要望は、少なくとも理化学研究所の脳科学総合研究センターに関しては我が国の政府に受け入れられたようである。私がそのように思う理由は後で説明する。

さて、前記の「脳の世紀」シンポジウムでは、いろいろな研究法による脳の働き解明へのアプローチが語られているが、その中で最も期待を集めたのは「機能的核磁気共鳴画像法(Functional Nuclear Magnetic Resonance Imaging：略称ｆ－ＭＲＩ)」であった。

この方法の説明は省略するが、要するに脳のある特定の部位のニューロン活動が盛んになれば、ニューロンがより多くの酸素供給を必要とするので、その部位に酸素を供給する血流量が増加する。ｆ－ＭＲＩはこの増加した脳局部の血流量を可視化するものである。

しかし、このｆ－ＭＲＩには欠点と限界がある。ニューロン活動の増大が血流増加を引き起こすには、秒のオーダーの時間を要するからである。

たとえば我々は、少年期の友人にめぐり合ったりすると、瞬時に昔の記憶が蘇ってくる。

この時間はほとんど瞬間的である。したがってｆ－ＭＲＩ法では、このような高次の脳の働きを追うことは不可能である。またｆ－ＭＲＩの空間分解能も、ミリ（㎜）のオーダーでしかない。

したがって、この実験法が有効なのは、たとえば長い会話を続けた結果、会話のための言語の発音を司る部位と、相手の言葉を聞き取る聴覚を司る部位の血流増加が記録されるといったものに過ぎない。そしてこのような知見は、現在からはるか以前にすでに得られている。

かつては外科手術の際、全身麻酔による死亡事故が多く、これを避けるため、頭部の外科手術の際には頭皮のみを麻酔し、頭蓋骨の一部を除去して患者の脳を露出し、手術を行っていた。したがって手術中、患者は意識があり、医師と会話を行うことができた。

この際、たとえば、医師が脳のある部位に軽く触れると、患者にはその部位に特有の感覚が起こる。また、別な部位に触れたときには身体の特有の筋肉が収縮する。このようにしてすでに十九世紀中に、脳の機能地図が作成されていた（図５・８、図５・９）。

また、言語の発語や言語の理解に障害のある患者の脳の局部的病変から、ウェルニッケ中枢、ブローカ中枢などが、やはり十九世紀に発見されていた。

多くの教科書に引用されているｆ－ＭＲＩや、この方法と並んで脳の血流分布の可視化に

図5·8　大脳皮質の機能地図

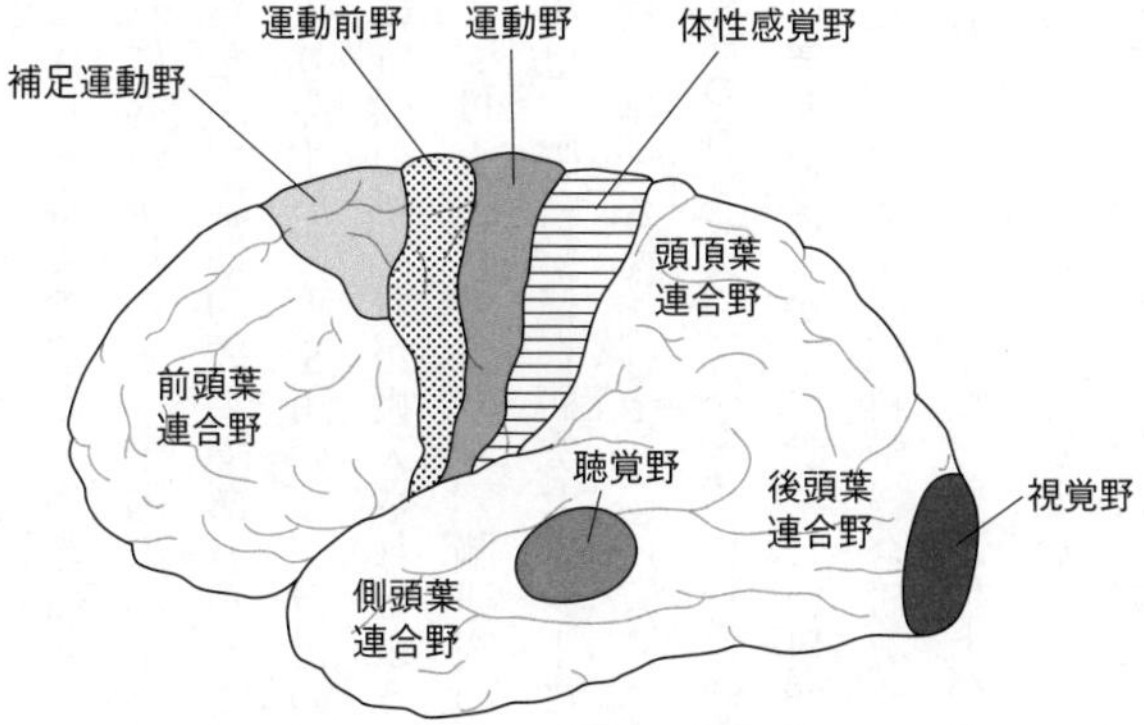

図5·9　運動野および体性感覚野における身体各部の地図

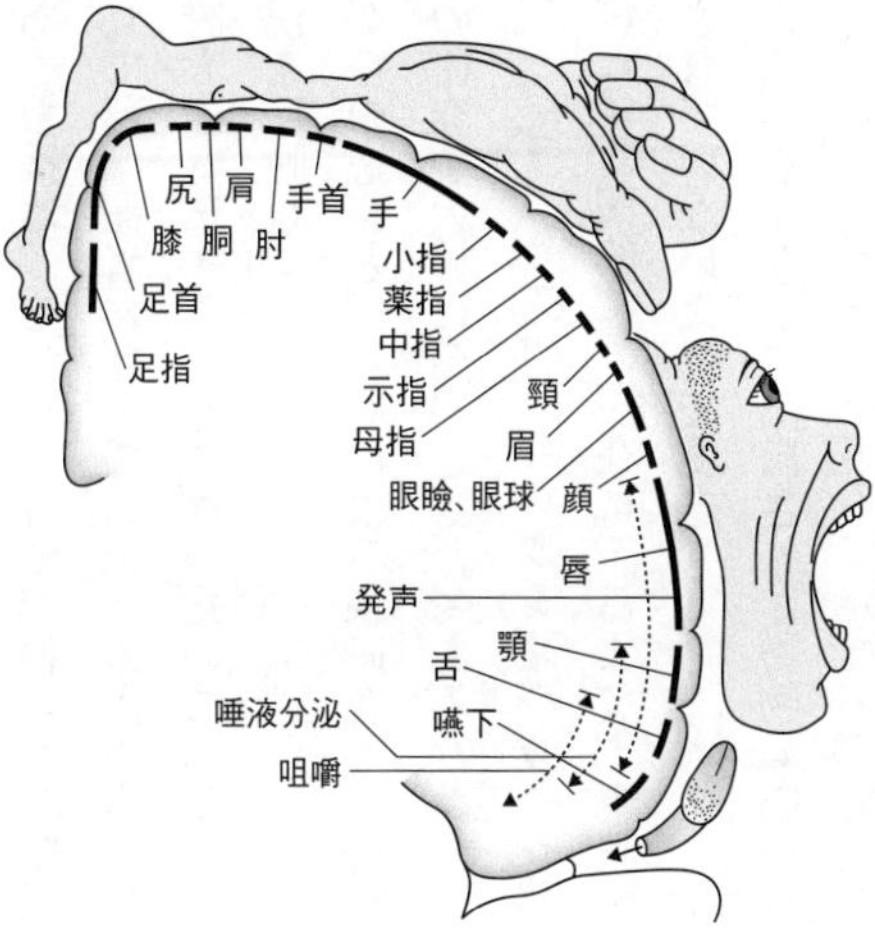

使用されるポジトロン断層法（ＰＥＴ）などの研究結果（図5・10）は、全て十九世紀に明らかにされた事実の追認に過ぎない。

それにもかかわらず、米国のハーバード大学のある教授は、これらの方法で得られた結果を、あたかも画期的成果であるかのように得々として科学記者に語っていた。米国でも、俗耳に入りやすい言葉を用いて、自己の得た結果を誇大に宣伝するようになったのである。脳研究に巨額の研究費が投入されるようになった状況を反映している。

さて、以上述べたような、脳研究の一般生理学からの逸脱と、政府による脳研究への巨額の支出は、脳科学総合研究センターにおける以後の研究を大いに発展させたであろうか。

これに対する答えは否定的にならざるを得ない。まず、一九九三年のシンポジウム記録『脳を究める』で熱っぽく語られていた大きな期待とは対照的に、現在に至るまで、脳科学総合研究センターから目覚ましい研究成果は発表されていないようである。

また二〇〇七年、脳科学総合研究センター設立十周年を記念して出版された書物『脳研究の最前線』（上・下、講談社ブルーバックス）には、あれほど期待を集めていたｆ－ＭＲＩ法の成果は全く記されていない。

そしてこの間、脳科学総合研究センターは巨額の費用を投じてｆ－ＭＲＩ装置を購入した

図5·10　陽電子断層投影法によるヒトの脳の断層写真の模式図。
精神活動の内容により連合野の活動部位が異なる

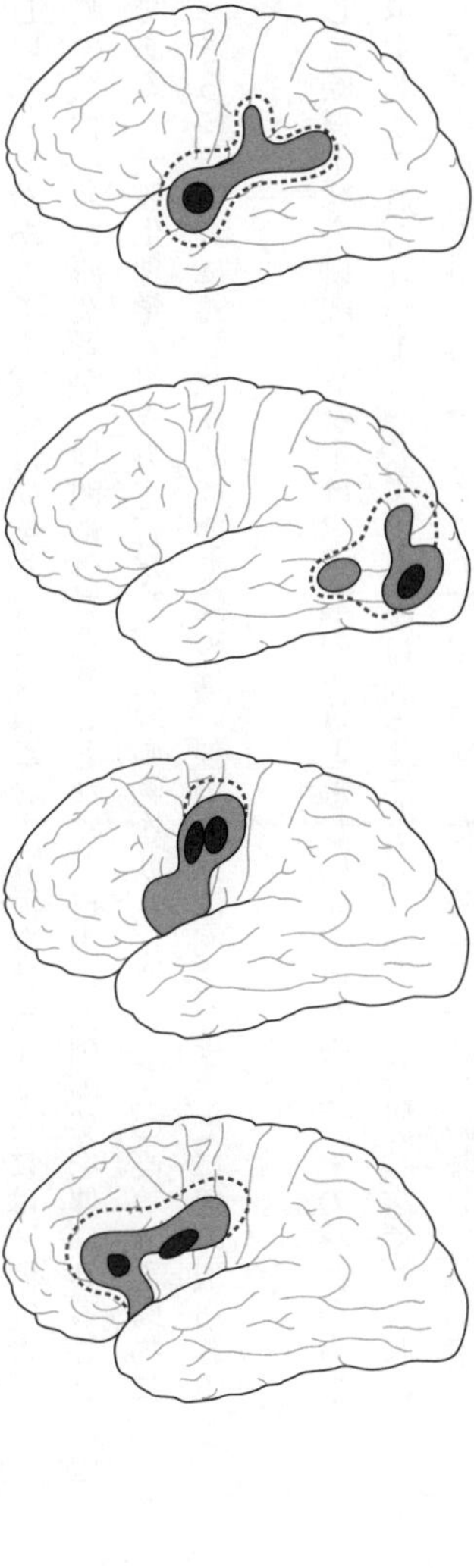

にもかかわらず、長期間これを全く使用していなかった。この事実が朝日新聞に指摘され非難された際の、これに対する脳科学総合研究センターの回答は、「購入時これを使用できる者がいなかったから——」という驚くべきものであった。そして再び非難の的となった。

つまり一般の大学、研究機関の人々は、採択率の低い研究費を得るため骨身を削っているのに、脳科学総合研究センターでは差し当たり研究者がいなくても、不急不要の巨額の研究機器を購入することが可能だったのである。

しかしいくら金があっても、金は研究をしてくれない。立派な研究をするには、研究者、特に頭脳の柔軟な若い研究者が、周囲に気を遣うことなく、自由に独創の芽を伸ばせることが必要である。一般生理学の行き方を否定し、実験動物をサル、ネコなどの高等哺乳動物に限定し、さらに研究者に対し強圧的態度で臨めば、独創の芽は完膚《かんぷ》なきまでに摘み取られるだろう。

こうして脳科学総合研究センターは、巨額の予算と夥しい研究員を抱え、その存在理由を世間に示す必要に迫られたようである。この目的を達成すべく選ばれた研究課題が、「脳のアミロイドが認知症を引き起こすしくみの解明」であった。政治家をはじめ誰しも認知症にはなりたくない。このプロジェクトが成功すれば、脳科学総合研究センターにおける研究の停滞と、これに対する批判を克服して余りある。

しかし、この賭けは成功しなかった。何年か巨額の費用を投じて行われたこのプロジェクトは、結局、何の成果も得られず、脳科学総合研究センターはこのプロジェクトの失敗を公的に謝罪し研究を打ち切ったのである。

この事実も広く新聞に報道されたが、脳科学総合研究センターがこれについて責任を追及されたとも、文部科学省からその研究の停滞を批判されたとも聞いていない。

以上述べてきた脳科学総合研究センターの歴史は、「学問の発展を阻害する要件」を我々に教えてくれる。しかし、同センターの巨額な研究費の独占は、これが一つの研究機関内にとどまる限り、全国の大学研究機関の研究費の大削減につながることではなかった。

しかし、本章で説明した生理学の黄金時代と並行して、結果的に我が国の生命科学を滅亡の淵に陥れる原因となる画期的な研究が、ひっそりと国外で芽を伸ばしつつあった。一九四〇年頃からニューヨークのロックフェラー研究所（後のロックフェラー大学）の研究員、オズワルド・エイブリーが、細菌の形質遺伝を起こす物質を追求する研究を始めていたのである。

五・五　国際レベルに達した（？）、我が国のノーベル賞獲得運動

我が国の福《ふく》田《だ》赳《たけ》夫《お》首相の時代に、当時の我が国の経済的好況を反映して、欧米諸国の自然科学、特に生命科学分野の研究者に、申請に応じて研究資金、学術集会開催資金を支給していたことがある。これは「日本基金」と名付けられていたと記憶する。

私の小学校以来の友人Ｋ氏は、東京大学大学院を中退して渡欧し、パリ大学に勤務していた。彼はときどき我が国に帰国し、友人たちとの付き合いを楽しんでいた。

あるとき彼は帰国し、私の家に電話をかけてきた。私が電話に出ると、「杉君、おれ困っちゃったよ」と言うではないか。理由を尋ねると、まず彼は、このたびの帰国は余暇を過ごすためではなく、パリ大学の命令で、我が国の研究資金給付の申請に来たのであった。

「いったい何に困っているのだ」とさらに尋ねると、彼はこう言うではないか。

「日本基金の欧州諸国からの申請の受付けと交付の採否は、理化学研究所が行っている。今日、理化学研究所を訪問し、研究資金交付の申請をしたところ、『交付してもよいが、脳科学総合研究センターのメンバーの一人を本年度のノーベル賞受賞候補としてノーベル賞審査

委員会に推薦してほしい』と言われた」と言うのである。

私は驚いたが、このような問題には関心がなかったので、電話を切った。

この話が、もしK君の冗談ではなく、本当だったとしたら、このような裏の世界では、皮肉なことに我が国の生命科学は国際的レベルにあったともいえよう。

第六章　分子生物学の勃興を傍観し続けた我が国の分子生物学者

神経生理学が黄金時代を迎えている頃、米国ニューヨークのロックフェラー研究所（現在のロックフェラー大学）では、天才オズワルド・エイブリーがただ一人、細菌の遺伝物質の研究を行っていた。

当時、生化学も黄金時代を迎えており、生体の機能を担うタンパク質に、研究者の興味が集中していた。そして生物の遺伝現象を担うメンデルの遺伝の法則における遺伝子に相当する物質も、タンパク質であろうと考えられていた。

エイブリーは長年の研究から、ついに、細菌の遺伝物資は、全ての生化学者の予想に反して、タンパク質ではなく「核酸（DNA）」であることを明らかにした。

この偉大な発見は、米国のデルブリュックらに注目され、彼らは細菌に寄生するウイルス、バクテリオファージの研究を始めた。このようにして生化学者の関心は、遺伝物質、核酸に集中した。そして核酸の二重ラセン構造は、一九五三年、ついにワトソンとクリックによって解明された。

この歴史的発見により、次の研究対象は、核酸に刻み込まれた塩基による遺伝暗号の解読となった。この研究はクリックにより主導され、一九六二年に米国のニーレンバーグにより突破口が開かれると、研究は一挙に進展し、一九六六年までに二十種類の生体アミノ酸の全ての暗号が解読された。

我が国の分子生物学者は、この研究にも、何も目立った寄与を果たしていないようである。つまり彼らは、この分子生物学の発展期を通じて、傍観者的・評論家的態度をとり続けたのである。

六・一　遺伝を担う物質・核酸の発見と、我が国の分子生物学者の評論家的態度

第二次世界大戦前後の欧米におけるエレクトロニクス技術の発達を背景として、神経生理学はその黄金時代を迎え、我が国の生理学者も目覚ましい貢献をした。これとほぼ同時期に、生化学も黄金時代を迎えており、その結果、得られた知見の増大は、現在の大部な生理学および生化学の教科書として実を結んだ。

しかしこの時代における我が国の研究者の貢献は、私の知る限り、神経生理学者のそれに比べれば格段に見劣りがする。先に述べた奥貫一男による、呼吸酵素の一つ、チトクロームcの発見以外、目立った業績は見られない。

生体のエネルギー代謝の体系を築いた生化学者たちにとって、次の大きな目標は、メンデ

図6・1　エイブリー

ルによって明らかにされた生物の遺伝現象の、分子レベルでの解明であった。そしてこの解明に至る道は、米国ニューヨークのロックフェラー研究所（現在はロックフェラー大学）の研究員、オズワルド・エイブリーによって一九四〇年代に切り開かれた（図6・1）。エイブリーは、当時の生体機能を分子レベルで研究する「分子生物学者」の全てが、「タンパク質が生体の機能を担う」と考えていたのに抗して、彼の長年にわたる細菌の形質遺伝の研究から、核酸こそが遺伝情報を担う物質であることを発見した。この発見は、この研究分野でのブレークスルーとなり、細菌や細菌に寄生するウイルス（バクテリオファージ）などを研究対象とする分子生物学的研究が、堰《せき》を切った流れのように進展した。

そしてこれらの分子生物学者の中から、米国のレーダーバーグ、コーンバーグ、オチョア、デルブリュック、ルリアなど、後年のノーベル医学生理学賞受賞者が輩出する。そしてこの研究の流れの頂点に、ワトソンとクリックによる核酸の二重ラセン構造の発見が現れるのである。

さて、この分子生物学の激動期に、我が国の研究者はどんな寄与を果たしたのであろうか。はっきり言うと、何の顕著な寄与もなかったのである。

我が国の分子生物学、特に核酸研究の「草分け」とされる渡辺格《わたなべいたる》（図6・2）は、一九四〇年、東京帝国大学理学部化学科を卒業した。ちょうどエイブリーが核酸研究を開始した頃である。そして彼は、米国におけるデルブリュックらのバクテリオファージの研究を知り、江上不二夫《えがみふじお》、柴谷篤弘《しばたにあつひろ》らと「核酸シンポジウム」を開催している。

図6・2　渡辺格

このとき、我が国の分子生物学者として、彼らは何を議論したのであろうか。この時期欧米では、核酸の分子構造の解明が、分子生物学者が等しく目指す目標となり、熾烈《しれつ》な先陣争いが展開されていた。我が国の分子生物学者はこの事態を「対岸の火事」を眺めるよ

うに傍観していたに違いない。自分たちにこんな大問題への挑戦などできはしない、と思っていたのであろう。

私の私見では、もし彼らの中に高峰譲吉や北里柴三郎のような、研究者としての熱情と何をなすべきかを決める洞察力、そして研究者を束ねて目標を達成する組織力・統率力を持つ者がいたら、その人物は分子生物学者たちに純粋な核酸の結晶作成に励ませ、望みの結晶が得られ次第、我が国ですでに業績を挙げつつあった関西の結晶学者たちにその構造解明を依頼したであろう。

私はこのことを、すでに拙著『論文捏造はなぜ起きたのか?』(光文社新書)で指摘した。この私の著書に対しては、分子生物学者と思われる人から、「年寄りの生理学者の『ひがみ』である」との酷評が寄せられたが、その評者も上記の私の指摘のみは「もっともである」と同意していた。

要するに、我が国の核酸研究者たちには、明治初期の高峰、北里のような天分の持ち主はいなかったのである。彼らは欧米諸国での核酸研究の重要性に気付いた「先覚者」気取りでいたのであろうが、研究者として積極的にこの研究に参加する気概はなかった、といわざるを得ない。

このような、いわば「受け身」の態度は、我が国の分子生物学者の性格であった。そしてこれが後年、我が国の生命科学の惨状に繋がってゆくのである。

六・二　分子生物学の発展に参画し得なかった我が国の分子生物学者

前記の核酸シンポジウムのメンバーの一人、柴谷篤弘は一九六〇年、『生物学の革命』（みすず書房）という本を出版し、その中で、現在激しく進行中の分子生物学の発展にもかかわらず、我が国の大部分の生物学者はこれを知ってか知らずか、ただ林のように静まり返っているとは何事か、と非難した。

当時、東京大学理学部大学院生であった私は、柴谷のその高圧的、独善的な態度が不愉快であった。研究者はそれぞれ自分の研究課題を持ち研究に打ち込んでいるのに、海外での分子生物学研究に参加し、追従せよと言うのか。偉そうな態度をとっているが、自分は何をしたというのか。

実際に後年、柴谷に見下された東京大学理学部生物学教室では、内藤豊氏が繊毛運動の分野のイオン機構の研究で、「この分野でのホジキン、ハクスレーの再来」と謳《うた》われる業績を

図6・3　クリック（右）とワトソン

挙げて教科書にその名を残し、金谷晴夫《かなたにはるお》はヒトデの授精の生化学的研究でローマ教皇庁科学アカデミーよりピウス11世メダルを受け、文化功労者にも選ばれた。さらに植物学教室の大隅良典氏は、細胞のリソソームの研究でノーベル医学生理学賞を受賞した。しかし柴谷が何事かを成し遂げたとは聞いたことがない。

　この柴谷の著書が出版されるより七年前の一九五三年、ジェームス・ワトソンとフランシス・クリック（図6・3）は、欧米の多くの分子生物学者たちが等しく目指した核酸の二重ラセン構造を解明した。しかし、二十世紀最大の発見とさえいわれるこの発見について、柴谷の著書では、一九六〇年に出版されたにもかかわらず、全く記されていないのである。これでは、彼は先覚者ぶって人を煽るばかりで、研究者としての資質に欠けていたか、あるいは資質がなかった、といわれても仕方がない。

　さて、ワトソンとクリックが発見した核酸の二重ラセン構造は、地球上の全ての生物に共通の、大自然が作り出した、生物の遺伝のしくみの中心をなすものであった。そしてこの成果は、私が本書で繰り返し述べている「一般生理学の研究原理」によるものであった。

核酸が生物の遺伝を担う物質であることを発見した偉大なエイブリーは、研究対象として世代交代が速やかに起こる細菌を選んだ。そして細菌やバクテリオファージで得られた結果は、全ての生物に共通の「大自然の摂理」の一つであった。つまり細菌でまず明らかにされた事実には、「一般性」があったのである。

六・三　ワトソンとクリックによる核酸の二重ラセン構造発見のいきさつ

ワトソンとクリックは、英国ケンブリッジ大学のキャベンディッシュ研究室でめぐり合い、共同で核酸（ＤＮＡ）の構造解明に挑戦し、そして一九五三年にこれを成し遂げた。時にワトソンはまだ二十九歳、クリックは三十七歳であった。彼らの研究の道筋は、ワトソンが一九六八年に出版した著書『二重らせん――ＤＮＡの構造を発見した科学者の記録』（タイムライフブックス）に詳細に記されている。

まず、彼らが共同研究を始めた時点で、ＤＮＡの構造について知られていたことは、

（一）核酸にはリボ核酸（ＲＮＡ）とデオキシリボ核酸（ＤＮＡ）とがある。遺伝情報を保持するのはＤＮＡである。

（二）ＤＮＡは、リン酸分子と五個の炭素原子を含む五炭糖（デオキシリボース）が結合したヌクレオチドが鎖状に長くつながった巨大な化合物である。

（三）このＤＮＡの構成要素である個々のヌクレオチドには、窒素Ｎを含む塩基分子が二個結合している（図６・４）。

（四）この塩基には四種類がある。二種のプリン塩基（アデニンＡとグアニンＧ）、二種のピリミジン塩基（シトシンＣとチミンＴ）である（図６・５）。

（五）これら四種の塩基が個々のヌクレオチドに結合する順序は全く不規則である。

（六）ＤＮＡ中のプリン塩基とピリミジン塩基の分子数は常に等しい。

これらの知見のうち、ＤＮＡに刻まれた大自然の遺伝暗号を解く鍵となったのが（六）であった。この事実は、ＤＮＡの分析を長年行ってきたニューヨーク・コロンビア大学のシャルガフが発見したもので、当時「シャルガフの法則」と呼ばれていた。

つまり、（五）の塩基順序の不規則性は、（六）のシャルガフの法則と照らし合わせること

図6·4　1951年にアレクサンダー・トッドの研究陣が提出したDNAの一部

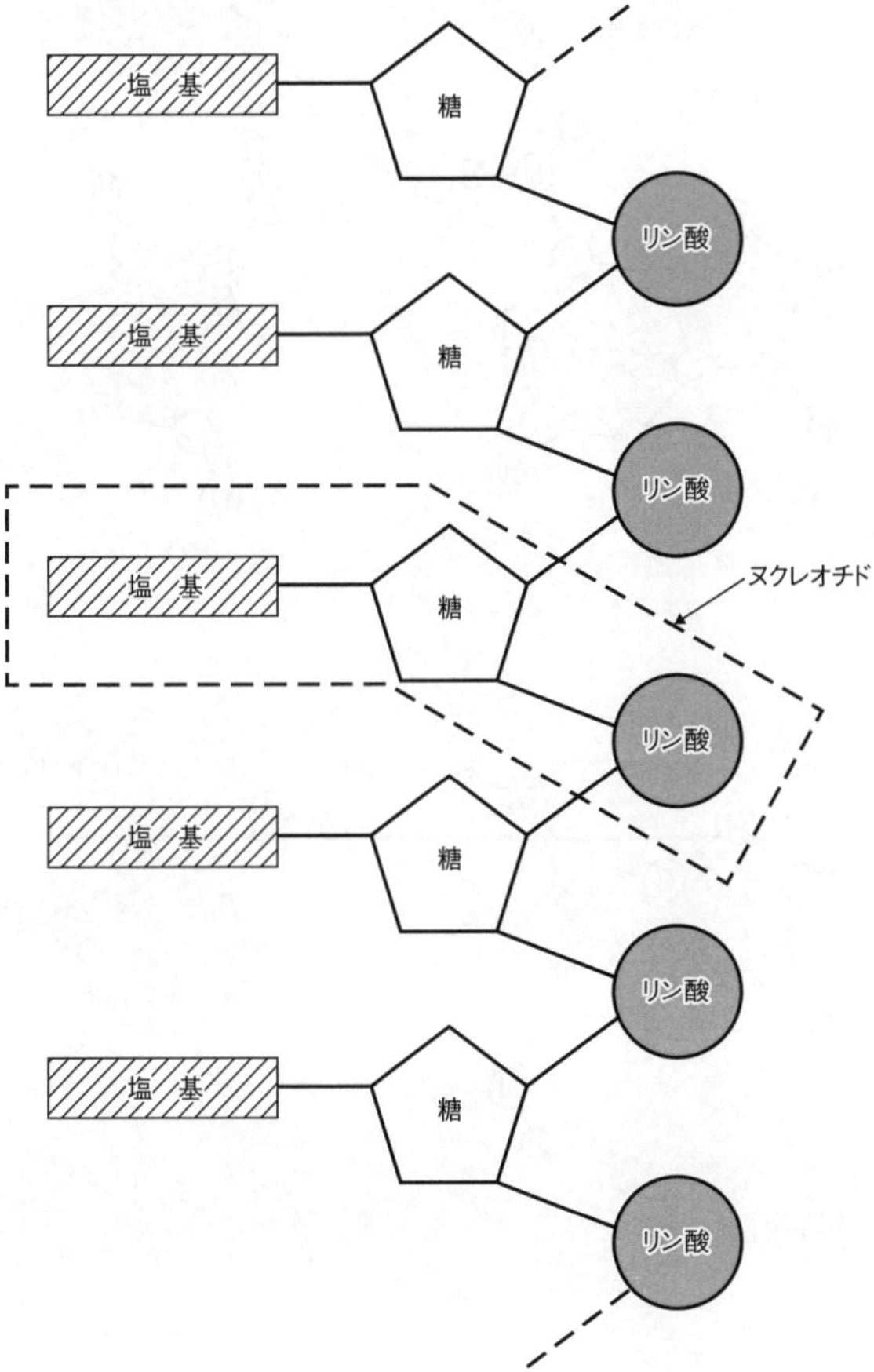

図6・5　1951年当時、しばしば描かれていた形のDNAの四種の塩基の化学構造

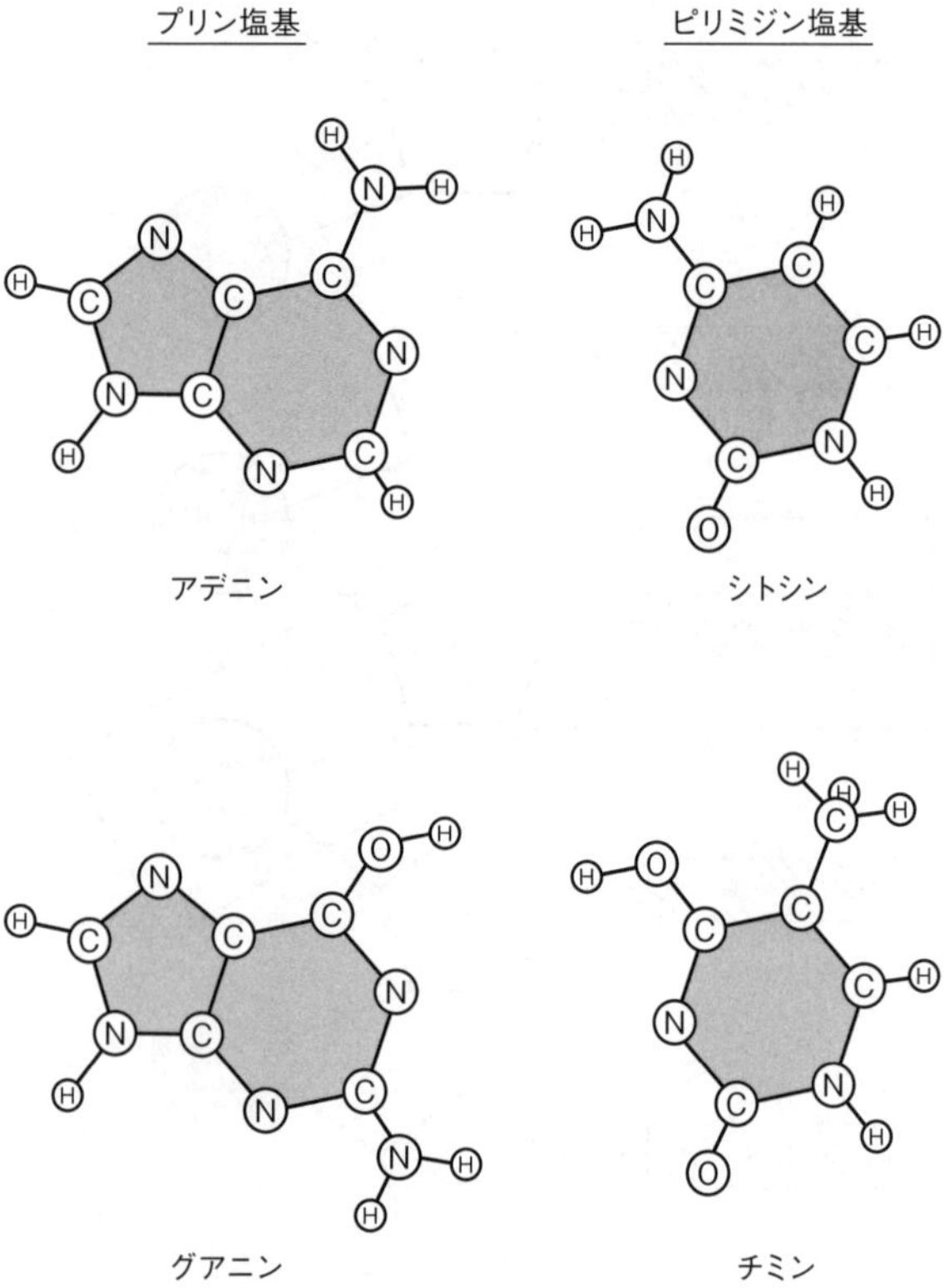

によって、塩基配列が遺伝暗号であることがわかってゆくのである。

さて、彼らは上記の知見をもとにして、ＤＮＡの分子模型を試行錯誤で組み立てていたが、ここで決定的に重要な手掛かりが突然得られたのである。キャベンディッシュ研究所のウィルキンスのもとでＸ線回折技術を学んでいた女性研究者、ロザリンド・フランクリンが撮影したＤＮＡのＸ線回折像を、彼女の指導者であるウィルキンスが彼女に無断でこっそり見せてくれたのである（図６・６）。

図6・6　1952年、ロザリンド・フランクリンが撮影したDNAのB型のX線写真

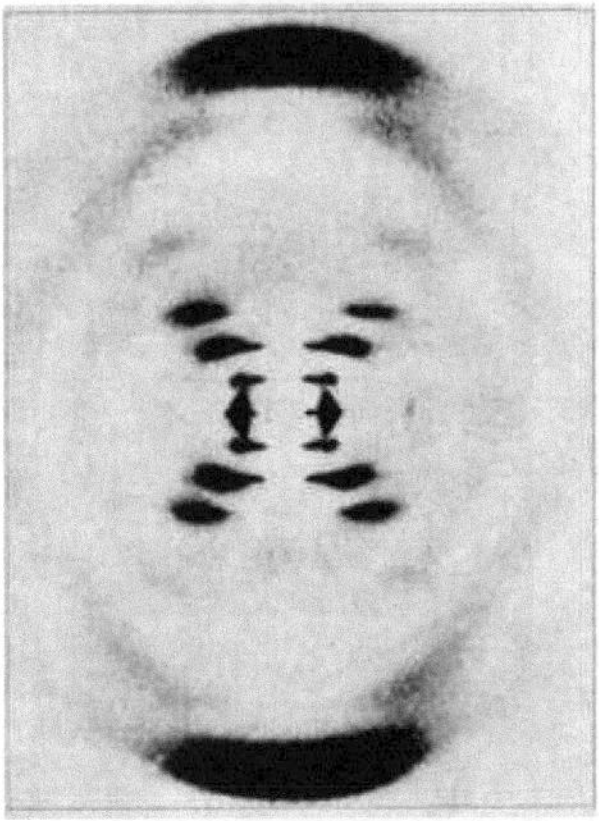

この写真に見られる回折パターンは、明らかにＤＮＡのラセン構造を示していた。しかもＸ線回折像は、このラセン構造の繰り返しの周期、つまりラセンのピッチの長さも示すのである。

ワトソンとクリックは、ＤＮＡとは先の（二）の鎖状ヌクレオチドが互いに絡み合って二重ラセンを形成したもので、しかもこのラセンのピッチの長さも同時に判明したので、早速ＤＮＡの模型を組み立て始めた。ここで問題となったのが、（六）のシャルガフの法則、つまり任意のＤＮＡ分子中に含まれるプリン塩基とピリミジン塩基の分子数は等しい、という事実である。ＤＮＡの構造はこの法則に矛盾しないものでなければならない。

詳しい説明は難解なので省略するが、彼らはまず四種の塩基（アデニンＡ、グアニンＧ、シトシンＣ、チミンＴ）が、ヌクレオチドのラセンのひと巻き内に、同一種の塩基が向き合って結合していると考えた（図６・７）。これならシャルガフの法則と矛盾しない。しかし、塩基分子の大きさ、性質から、この模型は構造的に成り立たないことがわかり、この模型を放棄した。

ここでワトソンが辿り着いた着想は、ＤＮＡの二重ラセン構造内では、プリン塩基のアデニン（Ａ）はピリミジン塩基のチミン（Ｔ）と、またプリン塩基のグアニン（Ｇ）は、ピリミジン塩基のシトシン（Ｃ）としか結合しないことであった。この着想なら、シャルガフの法則と矛盾せず、さらに立体構造的にも、二重ラセン構造にうまく収まる。この着想は天才的であったとしか言いようがない。

こうして、ヌクレオチドの二重ラセンを、塩基対Ａ－ＴまたはＧ－Ｃが結び付けるＤＮＡ

図6·7　同一塩基が対を形成するとして組み上げたDNA分子の模式図（左側）

図6·8　二重らせんの図解（右側）

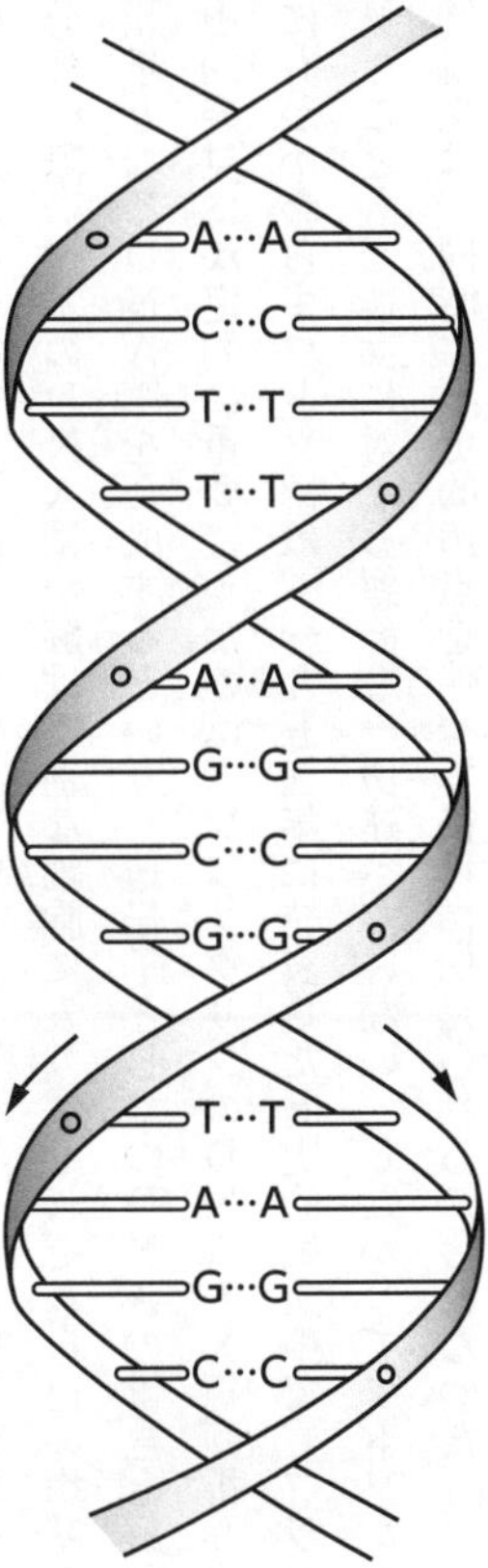

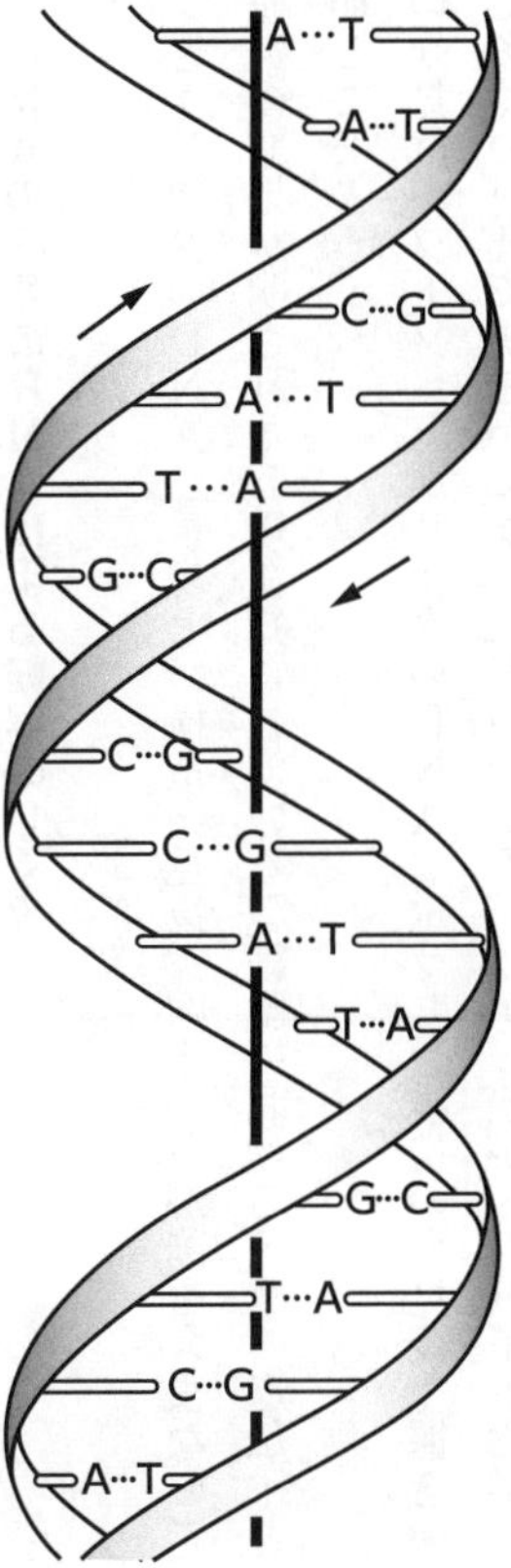

の構造が解明されたのであった（図６・８）。このＡ－ＴおよびＧ－Ｃの結合は相補的であり、細胞分裂の際、二本のＤＮＡ鎖が解けて別な細胞に入り、それぞれ自己の塩基配列を鋳型として相手となるＤＮＡ鎖を合成するという、遺伝子としてのＤＮＡの働きも解明された。

　この歴史的発見に決定的に重要だったのは、フランクリンのＤＮＡのＸ線回折写真であった。それにもかかわらずワトソンは、一九五三年に発表した歴史的論文中で、フランクリンの写真を見たことも、彼女に対する謝辞も一切述べていない。したがってワトソンとクリックの歴史的論文は、同時に歴史的汚点を伴って後世に伝えられることになった。

六・四　ＤＮＡの暗号のＲＮＡによる転写のしくみ

　ワトソンとクリックのＤＮＡ二重ラセン構造発見後、欧米（我が国を含まない）で行われた夥しい研究の結果解明された、現在知られている「細胞における核酸の遺伝子としての働き」を説明しておこう。

　これらの知見は、ワトソンとクリックのＤＮＡ二重ラセン構造の発見後、堰を切ったように行われた多くの研究で明らかになったものである。しかし我が国の分子生物学者は、この段階でも何ら貢献をしていない。

ＤＮＡは細胞の細胞核内に存在し、先にも述べたように、細胞分裂の際、ＤＮＡの二重ラセンはほどけて二本となり、各々一本が別な細胞に入り、ここで自らの構造を鋳型としてこれと対となるＤＮＡ鎖を合成し、再び二重ラセンとなる。したがって細胞分裂後、同一の遺伝暗号（遺伝情報）が二個の細胞に伝えられる。

一方、ＲＮＡは、リン酸とペントースが鎖状に繋がったもので、これに含まれる塩基はアデニン（Ａ）、グアニン（Ｇ）、シトシン（Ｃ）、およびウラシル（Ｕ）である。つまりＲＮＡには、ＤＮＡに含まれる四種の塩基のうちチミン（Ｔ）がなく、代わりにウラシルが含まれる。

ＲＮＡには伝令ＲＮＡ（ｍＲＮＡ）と転移ＲＮＡ（ｔＲＮＡ）がある。ｍＲＮＡは細胞核の内部でＤＮＡの構造の一部を鋳型として合成される。このときＤＮＡ上の塩基、Ｔ、Ａ、Ｇ、Ｃに対し、それぞれＲＮＡ上のＡ、Ｕ、Ｃ、Ｇが対をなすようにｍＲＮＡが作られるので、ＲＮＡ上にはＤＮＡ上の遺伝暗号の一部、つまり個々のタンパク質の情報が写し取られる。

遺伝暗号を写し取ったｍＲＮＡは核から出て、細胞質中のリボソームという構造に結合し、

図6・9　DNAの遺伝暗号を転写したmRNAは核外に出てリボソームと結合する。リボソームの周りには個々のアミノ酸と結合したtRNAが群がっている

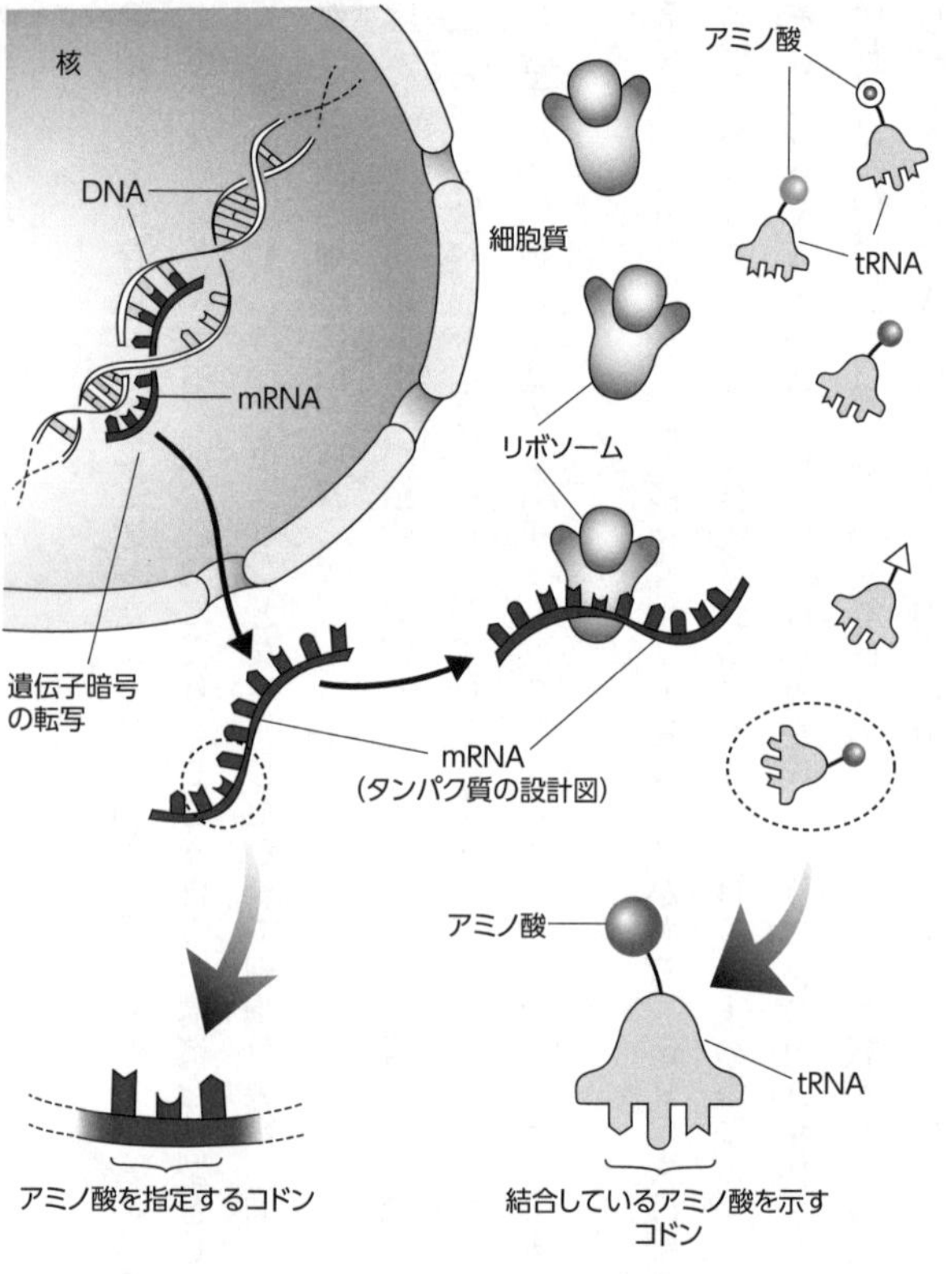

図6・10　(A) α-アミノ酸の構造、(B) アミノ酸のペプチド結合

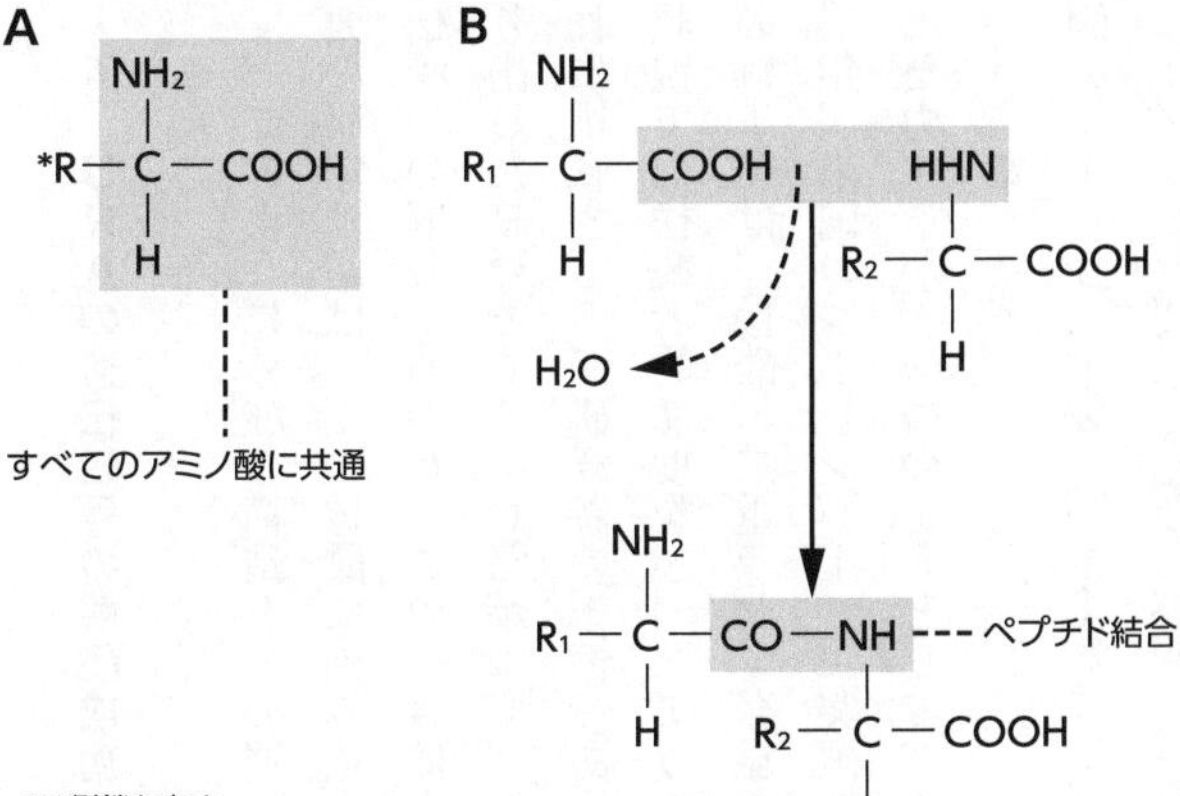

Rは側鎖を表す。

ここで遺伝暗号に従ってタンパク質が合成される。転移ＲＮＡ（ｔＲＮＡ）は小型の分子で、それぞれ細胞質中の特定のアミノ酸と結合し、これをリボソームに運んで、遺伝暗号が指定する順序にアミノ酸を結合させてゆく(図6・9)。

　タンパク質分子は、生体内に存在する二十種のアミノ酸がペプチド結合で繋がったものである(図6・10)。したがって、アミノ酸の結合順序が遺伝暗号で指定されれば、あるタンパク質の合成が指定されるのである。個々のタンパク質に含まれるアミノ酸の数には制限がないので、生体内で合成されるタンパク質の種類は天文学的な数になる。

六・五　ＤＮＡの遺伝暗号の解読成功のいきさつ

さて、このように核酸の構造とその遺伝子としての働きのあらましが解明されると、次の最重要な研究課題は、この核酸に刻み込まれた、生体を構成する二十種のアミノ酸を指定する遺伝暗号の解読であった。この暗号は人類が作った暗号ではなく、大自然が何億年もかけて作り出した暗号である。したがって、この解読は至難の業ではないかと思われた。

これに挑戦するのが研究者の本懐であろう。しかし残念なことに我が国の分子生物学者は、この状況でも傍観者的態度をとったようである。

この難事業は、核酸の二重ラセン発見者の一人、クリックを主導者として行われたが、一九六二年、米国のニーレンバーグが突破口を開いた。戦争では、敵味方ともに相手の暗号の解読に努力するが、一つの定石として、ある暗号を作り、これを敵に発信してその反応を見るという方策がある。

米国のニーレンバーグは、まさにこの方法を用いて成功した。彼は塩基としてウラシル（Ｕ）のみを含むｍＲＮＡを合成し、これを細胞中に入れてみた。すると細胞内のリボソームから、ただ一種のアミノ酸、フェニルアラニンのみからなるタンパク質が合成されたのである。これで、ＵＵＵという暗号が、アミノ酸フェニルアラニンを指定していることが明らかとなった。

ニーレンバーグがこの結果を学会で発表すると、座長を務めていたクリックは、驚きの余り椅子から飛び上がったという。

このニーレンバーグの発見後、再び堰を切ったように多くの研究が行われ、ついに一九六六年、生体内の二十種類のアミノ酸の暗号が全て解明された。

この暗号は、三個の塩基が一組となって、それぞれ一種類のアミノ酸を指定する。この暗号の単位をコドンという。三個の異なる塩基の組み合わせは、３×３×３＝27通りあるので、二十種のアミノ酸を指定するコドンの数は十分である。そして一種のアミノ酸を指定するコドンには重複する場合が多い。

図６・11には生体内の二十種のアミノ酸の構造を、図６・12にはそれぞれのアミノ酸を指定するコドンをしめす。なおコドンには、リボソームでのタンパク質合成を開始させるスタートコドンと、合成を完了させるストップコドンがある。

図6・11　20種類のα-アミノ酸の側鎖（R）の構造による分類

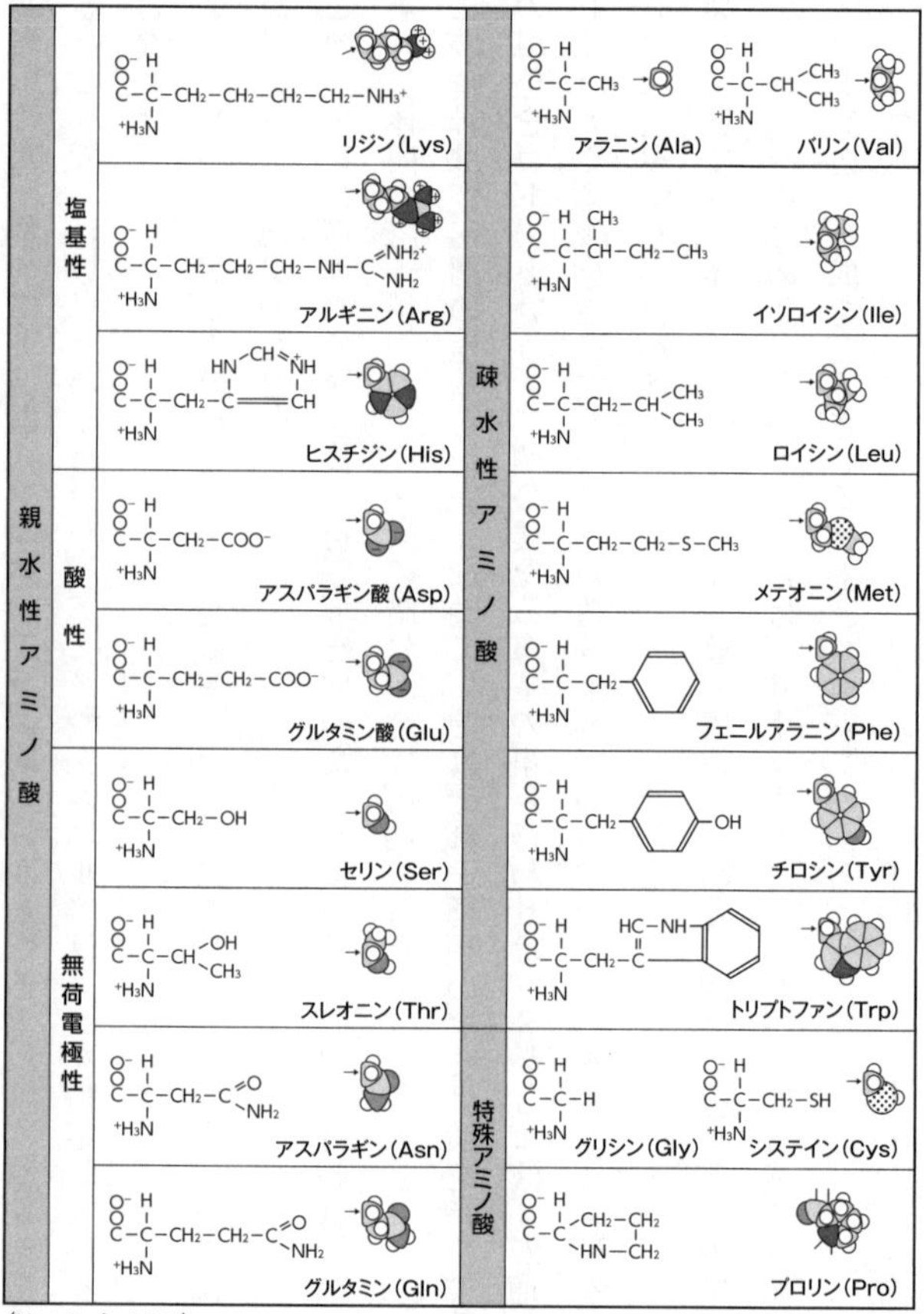

（Hagginsら、1964）

右側に側鎖の分子構造を模式的に示す
○ H原子　▷ C原子　▶ N原子　◎ S原子　● O原子

図6・12　アミノ酸合成に関するRNAコドン

アミノ酸	RNAコドン					
アラニン	GCU	GCC	GCA	GCG		
アルギニン	CGU	CGC	CGA	CGG	AGA	AGG
アスパラギン	AAU	AAC				
アスパラギン酸	GAU	GAC				
シスチン	UGU	UGC				
グルタミン酸	GAA	GAG				
グルタミン	GAA	CAG				
グリシン	GGU	GGC	GGA	GGG		
ヒスチジン	CAU	CAC				
イソロイシン	AUU	AUC	AUA			
ロイシン	CUU	CUC	CUA	CUG		
リジン	AAA	AAG				
メチオニン	AUG					
フェニルアラニン	UUU	UUC				
プロリン	CCU	CCC	CCA	CCG		
セリン	UCU	UCC	UCA	UCG		
スレオニン	ACU	ACC	ACA	ACG		
トリプトファン	UGG					
チロシン	UAU	UAC				
バリン	GUU	GUC	GUA	GUG		
開始（CI）	AUG	GUG				
停止（CT）	UAA	UAG	UGA			

種々のアミノ酸およびタンパク合成開始と停止に対応するRNAコドン。

ここで、リボソームにおけるタンパク質合成過程を具体的に図６・13で説明しておこう。

（一）まず核内のＤＮＡの遺伝暗号を転写して核外に出たｍＲＮＡは、細胞質中のリボソームに結合する。このときリボソームは、タンパク質の一番目のアミノ酸（アミノ酸１）を指定するコドン（コドン１）上にあり、アミノ酸１と結合したｔＲＮＡのコドン（コドン①）がコドン１と結合する。この際、コドン１とコドン①は鍵と鍵穴の関係にあり、他の種類のコドンを持つｔＲＮＡは結合できない（Ａ）。

（二）次にリボソームは、タンパク質の二番目のアミノ酸（アミノ酸２）を指定するｍＲＮＡ上のコドン（コドン２）上に移動し、アミノ酸２と結合したｔＲＮＡのコドン（コドン②）と結合する（Ｂ）。このときアミノ酸１はｔＲＮＡから離れてアミノ酸２と結合し（Ｃ）、アミノ酸を離したｔＲＮＡはリボソームから離れる（Ｄ）。

（三）リボソームはさらにｍＲＮＡ上のコドン３に移動し、（二）と同様の過程が起こる（Ｅ、Ｆ）。以上の三段階が次々と繰り返される。つまりタンパク質のアミノ酸が一個増えるごとにリボソームはコドン一個分ずつｍＲＮＡ上を移動してゆき、ｍＲＮＡの末尾のストップコドンに達すると、一個のタンパク質合成は完了する（図６・

図6・13　mRNA上のコドンの指定によりtRNAが運んでくるアミノ酸がリボソーム中でつながっていく過程

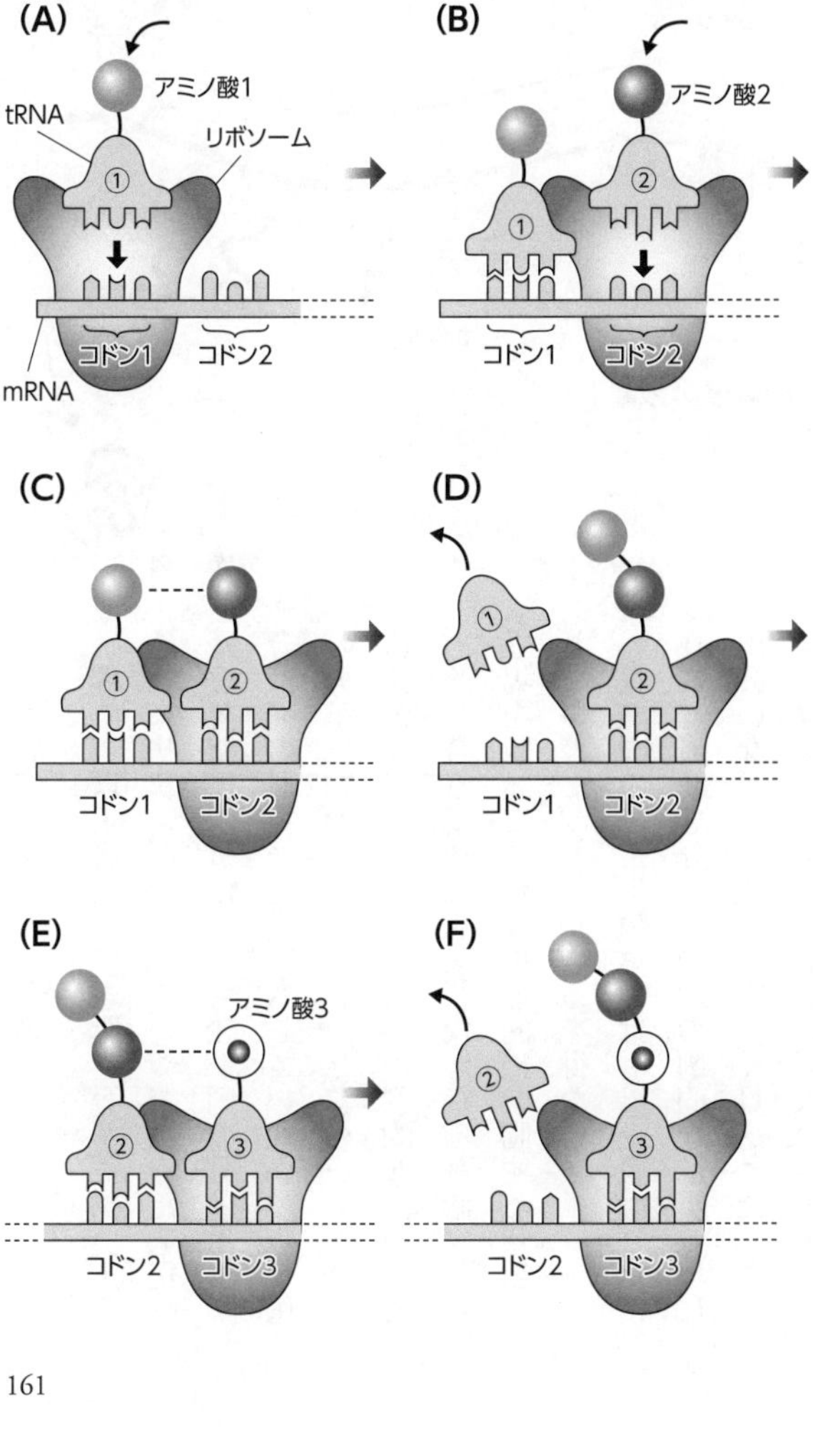

図6・14　リボソームにおけるタンパク質合成の様子

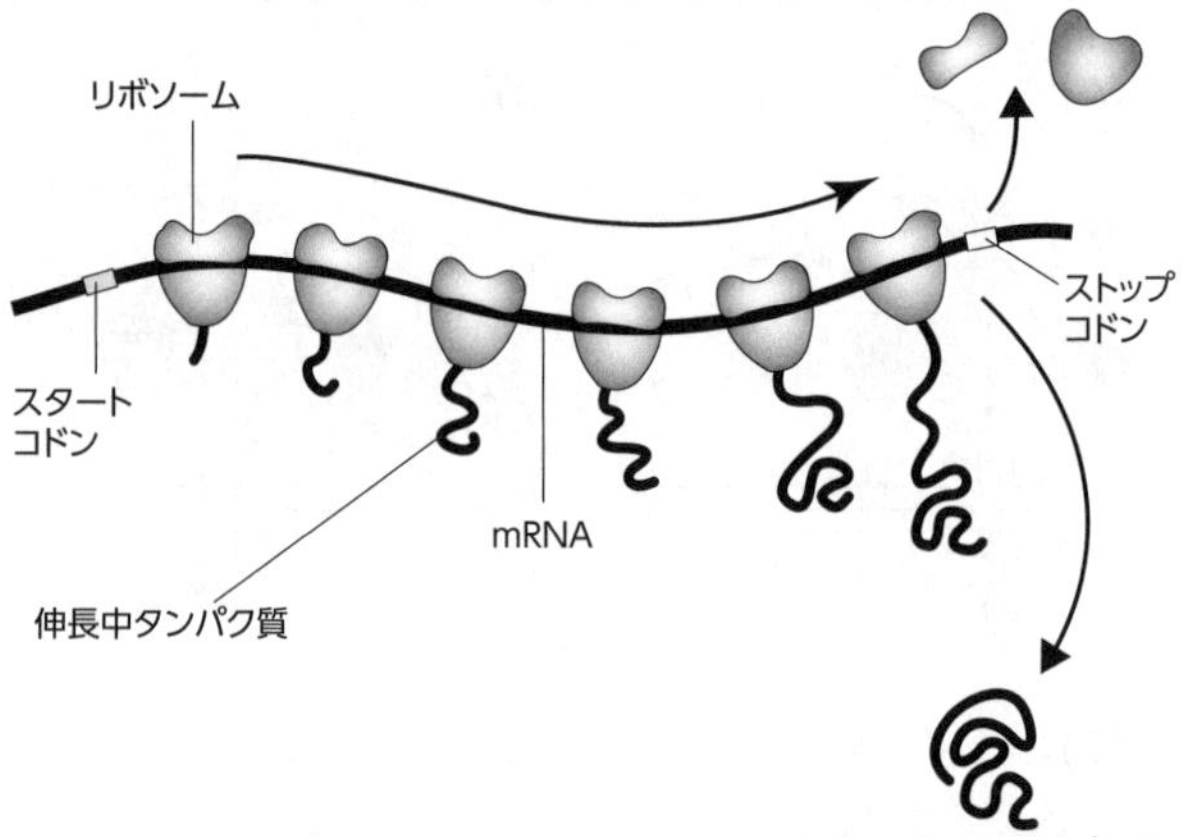

14）。

さて、以上説明してきた、分子生物史上、最もスリリングな期間の一つであった遺伝暗号解読期に、またしても我が国の分子生物学者は何の目立った貢献もしていない。我が国の分子生物学会の指導者（？）の一人、柴谷篤弘氏は、この分子生物学の劇的な激動期にめぐり合う幸運に恵まれながら、評論家的な立場を脱してこれに積極的に参画する意欲などなかった、といわざるを得ない。

我が国の分子生物学者は、以上説明したように、何度も分子生物学の劇的な進歩の場に出会いながら、これを空しく見送った。この事態は、悪い喩《たと》えであるが、天分が不足しているのにスターティングメンバーに選ばれたプロ野球選手が、何度試合に出ても三振を繰り返す状況に似ている。こんな選手はすぐ解雇されてしまうだろう。

　ところが我が国では、たび重なる分子生物学への貢献の機会を見送り、無能の烙印《らくいん》を押されてしかるべき分子生物学者が、本書に後で述べる国際的外圧を機会に、「我々は欧米の分子生物学者に追いつき、追い越すのだ」と高言し、これが政府に認められるのである。これは無能の烙印を押されたプロ野球選手が、思わぬ外部の状況を利用して、「自分はもともと才能がある。自分を四番打者として出場させてくれ、必ず結果を出すから――」と主張するようなものであろう。

　これがプロ野球の世界なら、「こいつ頭がおかしくなったか」と相手にされないだろう。ところが意外にも我が国の政府は、この言い分を認めることになるのである。

六・六　クリックのセントラルドグマ提唱と、研究から離れたワトソン

　これまで説明してきたＤＮＡ、ＲＮＡの働きを背景として、一九五八年、ＤＮＡの二重ラセン構造の解明以来ずっとこの分野の研究を主導してきたクリックは、「セントラルドグマ」

を提唱した。ドグマとは宗教の教義のようなもので、彼はこの研究分野で得られた知見が、地球上の全ての生物の遺伝に共通する大原則であることを誇示したのである。

このセントラルドグマを簡単に説明すると、次のような段階に分けられる。

（一）細胞核内のＤＮＡに刻まれた暗号（塩基Ａ、Ｇ、Ｔ、Ｃの配列）のｍＲＮＡによる転写。このとき暗号は「塩基Ａ、Ｇ、Ｕ、Ｃ」の配列に置き換わる。

（二）ｍＲＮＡに転写された暗号のアミノ酸への翻訳。この過程は、核から細胞質中に出たｍＲＮＡがリボソームに結合した状態で行われる。

（三）タンパク質合成。これはｔＲＮＡが暗号に指定されたアミノ酸を、細胞質からリボソームへ次々と運び、リボソームで連結する過程で、二十種類のアミノ酸から生体の種々のタンパク質が合成される。

ここで注意すべきなのは、リボソームで作られたタンパク質は、リボソームから離れて細胞質中に「産み落とされる」が、これ以後、産み落とされたタンパク質がどのようにして生体の構造を形成していくのかは、皆目わからないことである。なぜなら、ＤＮＡの暗号には、タンパク質がいかにして生体構造を構築していくかについて、何も書かれていないからである。

ある生物のDNAに刻まれた塩基配列を指定する暗号の全てをゲノムという。ヒトのゲノム数は約二万と見積もられている。このゲノムはしかし、喩えていえば家屋を立てる建築部材、つまり屋根瓦、柱、建具、ガラス、セメント、などをリストアップしたものに過ぎない。細胞質に産み落とされた部材を組み立てて家屋とする職人は細胞質にいるに違いないが、誰がどうやって組み立てているのかはわからないのである。そしてこの秘密を解き明かす手段は現在に至るまでまだ開発されていないのである。

さて、クリックとは対照的に、ワトソンはDNAの二重ラセン構造の発見以来、ハーバード大学教授として後進の教育に、またコールドスプリングハーバー研究所長として科学行政に携わってきた。彼の著書『二重らせん――DNAの構造を発見した科学者の記録』（講談社ブルーバックス）の改訂翻訳版では、我が国を家族とともに訪問したワトソンの観光旅行に同行した生化学者、中村桂子氏との会話が収録されている。

今でも人々の非難の的である、彼によるフランクリンのX線写真の「盗用」について、ワトソンはこう述べている。「当時私は誰よりもＤＮＡの構造のことで頭がいっぱいだった。これに対しフランクリンは、単にＸ線回折技術の習得にやってきた人間で、ＤＮＡはたまたま彼女に与えられて研究対象だったに過ぎない」。彼は言外に、フランクリンの写真の盗用を正当化したつもりだったに違いない。なんという歪んだ性格の持ち主であろう。

彼はまたこうも言っている。「私がＤＮＡの二重ラセン発見後、研究から遠ざかったのは、若くして歴史的発見を成し遂げた者として、よほど質の高い論文を出さなければ、自分の経歴に傷がつくと思い、研究から遠ざかってしまった」。

この言葉からは、彼が強い名誉欲、自己顕示欲の持ち主である反面、真の研究者としての気魄《きはく》に欠けていたことが示されているようである。

二十世紀最大の生化学者と謳《うた》われたセント・ジェルジはこう言っている。

「研究者が失敗したくなければ、何もしないか、或いは新しい研究をしないことである。しかしこれは、あらゆる失敗のうち最も大きな失敗なのである」。

第七章　外圧により表舞台に引き出された我が国の分子生物学者

ワトソンとともに核酸（ＤＮＡ）の二重ラセン構造を解明したクリックは、核酸に記録された、合成すべきタンパク質の種類を指定する暗号の解読を開始し、この研究を主導した。この大自然が作り上げた暗号は解読至難と思われたが、一九六二年にニーレンバーグが突破口を開くと、一九六六年には生体を構成する二十種のアミノ酸を指定する全ての暗号が解読された。

前章でも述べたように、クリックはこの成果をもとに「セントラルドグマ」を提唱した。この概念は、細菌からヒトまで全ての生物に共通する大自然の摂理であるとされた。

これも前章で述べたが、ヒトのＤＮＡ上の遺伝暗号は約二万と見積もられている。この暗号をまとめてゲノムという。そして短絡的に考えると、このゲノムこそが人体の設計図にほかならない。しかし、この考えは、後で説明するように、誤っている。

クリックとは対照的に、ワトソンは、核酸の二重ラセン構造発見後、研究から離れ、主として科学教育家、行政家として活動していたが、一九八六年、巨額の費用を必要とするヒト全ゲノム解読の必要性を訴え始めた。そしてこの計画には米国内でも賛否が分かれたにもかかわらず、実現に向けて動き始めた。

この計画に突如割り込んできた、米国の投機家クレイグ・ベンターが引き起こしたヒト全ゲノム解読競争に対抗するため、ワトソンは国際的ヒトゲノム解読組織を立ち上げ、我が国に協力を求めてきた。この際の我が国の分子生物学者の対応は、文部省と当時の文化庁を巻き込んで混迷し、またしても彼らの定見のなさをさらけ出した。

しかしワトソンの我が国に対する執拗《しつよう》で高圧的な働きかけの結果、これまでこの研究分野への貢献がなく、日の当たらなかった我が国の分子生物学者たちは、一気に国家の研究計画の表舞台に引き出されることになった。

七・一　ワトソンによるヒト全ゲノム解読計画の提案

ワトソンは、ＤＮＡ二重ラセン発見後に繰り広げられた遺伝暗号の解読研究からは身を引いていたが、元来異常な自己顕示欲の持ち主であり、自分が再び世界的な注目を受ける機会を窺《うかが》っていたに違いない。

一九五八年にクリックが「セントラルドグマ」を提唱し、それに応じて熾烈な暗号の解読競争が欧米諸国（我が国を含まない）で行われ、一九六二年にニーレンバーグが突破口を開くと、一九六六年には生体の二十種のアミノ酸の遺伝暗号が全て解読されてしまったことはここまでにも述べてきた。

さて、ある生物のDNAに刻まれている全ての塩基の総数を「ゲノムサイズ」という。ヒトのゲノムサイズは約三十億個である。このゲノムサイズは意外にも、原始的な単細胞動物であるアメーバで最大で、約七千億個である。これに次いでゲノムサイズの多いのはユリ、コムギ、トウモロコシ、エンドウなどの植物類で、実験動物のマウスはヒトとほぼ同じ三十三億くらいである。以下、ショウジョウバエ、出芽酵母、大腸菌ではゲノムサイズが減少していき、最小のゲノムサイズを持つのはある種のウイルスで、約二百個である（図7・1）。

ヒトの全ゲノムの塩基配列を決定することは、ゲノムサイズの巨大さから見て、気の遠くなるような時間と労力を必要とする難事業であった。しかし一九七七年、英国のサンガーと米国のギルバートが効率的な塩基配列決定法を開発した。彼らは後にノーベル化学賞を授与された。この結果、多数の生体内の重要なタンパク質が発見され、それらのアミノ酸組成が明らかにされていった。

研究の現場から離れていたワトソンは、ここで自分の自己顕示欲を満足させる絶好の機会が訪れたことを悟ったに違いない。彼は一九八六年、学術集会を開催し、ここで声高にヒトゲノム解読計画の必要性を主張したのである。

図7・1　種々の生物のゲノムサイズの比較

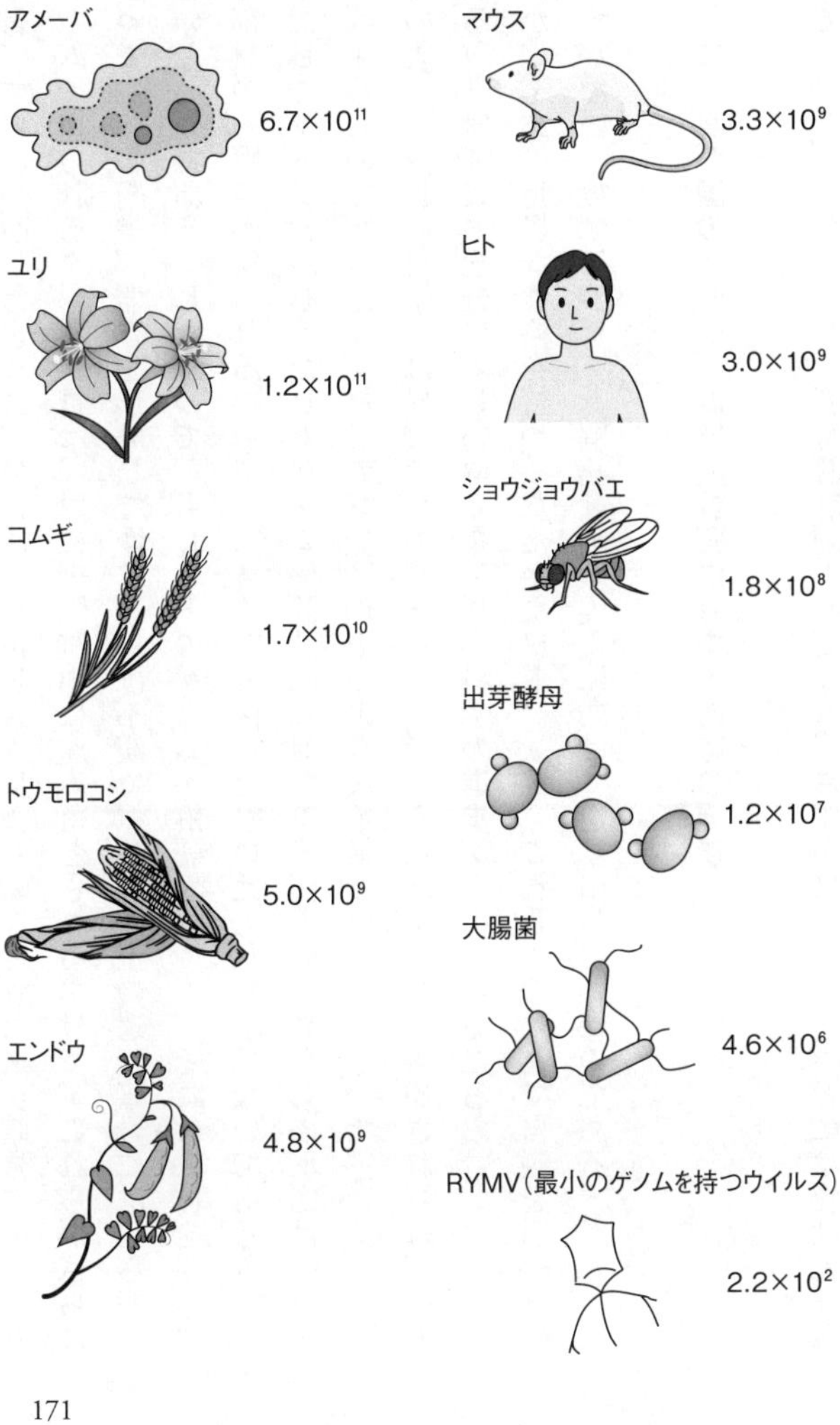

本書ですでに説明したように、ＤＮＡからｍＲＮＡにより転写された遺伝暗号に従ってリボソームで作られるタンパク質は、単に細胞質中に産み落とされるだけで、これらがさらに集まって生体の組織、器官を形成してゆく過程は不明で、ＤＮＡ上の遺伝暗号には何ら記されていないのである。したがって、もしヒトのゲノムが解読されても、それは人体を組み立てる部材の一覧表が得られるのみで、人体の設計図などといえる代物ではないであろう。

果たしてワトソンが訴えたヒトゲノム解読計画に対する米国の研究者たちの反応は、賛否相半《あいなか》ばするものであった。反対者の意見は以下のような手厳しいものであった。

「このような計画は科学とは異質のものである。このような計画がもし実施されれば、政府による科学研究費の配分に著しい偏りを生じ、科学の進歩が阻害されるだろう」。

しかし、あの特異な性格を持つしたたかなワトソンが、これしきのことで自説を引っ込めるはずがない。彼はヒトゲノム解読計画の実現に向けて走り出していたのである。

七・二　我が国のヒトゲノム解読計画に対する対応の混迷

さて、ワトソンのヒトゲノム解読計画の必要性は、さすがに米国の科学者には受け入れられなかった。しかしＤＮＡ二重ラセン発見者の一人であるワトソンの提案は、政治的影響力があり、世界各国で彼の提案が、各国の政府を巻き込んで検討された。本書でたびたび指摘してきたように、我が国の官僚は生命科学に関する知識と定見に欠けるのである。

我が国では、この問題に対する方策を諮問された東大理学部物理学科の和田《わだ》昭允《あきよし》氏が、ＤＮＡ塩基配列自動解析システムの建設を提案した。同じ時期に米国でも同様の提案がなされたが、我が国の和田の提案のほうがはるかに具体性があり、実現の可能性が大きかったという。

しかしこの和田の時宜《じぎ》に適《かな》った提案は、この問題に関与した当時の科学技術庁によって否定され、和田はこの計画から外された。理由は明らかでない。そして和田の後任者の不手際などが重なり、和田の計画は雲散霧消してしまった。この右往左往の醜態は、我が国の無能で、しかも他人の足を引っ張る悪癖と、政府の無定見によるものであったろう。

しかしワトソンは、狡猾《こうかつ》にも我が国の事態を利用し、彼の願望を実現しようとした。彼はヒトゲノム解読計画を実現する巨額の研究資金の交付を盛んに議会に要望し続けていたが、我が国の（失敗に終わった）和田の計画を引き合いに出し、「日本にこの計画を実行させたら、米国は日本に対し決定的に後れをとることになる。それでもよいのか」と議員たちに訴えたという。

そしてついに彼は目的を達し、米国ばかりでなく他の欧米諸国に、次々とヒトゲノム解読計画を遂行するコンソーシアムが設立されていった。コンソーシアムとは、政府、民間企業、大学などの研究機関から個人までが参画する大総合研究システムである。

このような事態になっても、我が国の政府では当時の科学技術庁と文部省が互いにいがみ合って何の方針も打ち出せず、さらに、この問題に積極的に関与すべき分子生物学会は終始消極的で、何の提案もなし得なかった。しかしこれは、本書で繰り返し指摘しているように、我が国の分子生物学者には研究者としての気概を持つ人材がおらず、セントラルドグマにも貢献し得なかった無能さから見て、当然の帰結であった。

そして我が国の態度に対する米国議会の報告書には、「日本はヒトゲノム解読計画に協力しようとせず、煮え切らない態度をとり続けている」と記されている。このときの我が国の対応の不手際は、あたかも黒船を率いて我が国に来航したペリーに対する徳川幕府の狼狽《ろうばい》と、返答の無意味な引き延ばしを想起させる。

ついに業を煮やしたワトソンは、我が国に対し以下の言葉で恫喝《どうかつ》を加えた。

「もし日本がヒトゲノム解読計画に参加しないなら、今後、各国で行われている計画から得られる情報を得ることは許されず、国際的に孤立することになるだろう」。

この言葉は言うまでもなく「はったり」で、ワトソンにそんな権限などありはしない。しかし彼の警告は、我が国の政府を慌てさせ、我が国もヒトゲノム解読計画に参加することになった。そして、我が国の政府でも大規模なヒトゲノム解読センターを建設しなければ、欧米諸国に立ち遅れる、との危機感が生まれた。そして、以前にこのようなセンターの設立を提案しながら計画から外された和田氏を所長とする、巨大な「ゲノム科学総合研究センター」が設立された。

このいきさつも、迷走の末、諸外国の外圧に屈して開国を行わざるを得なかった徳川幕府を思わせる。このようにして、無能な我が国の分子生物学者たちは、いわばワトソンによって我が国に加えられた「外圧」のおかげで、一躍、日の当たる場所に引き出されることになった。このなりゆきが、後年の我が国の生命科学の惨状、「論文捏造の頻発」に繋がってゆくのである。

七・三　ヒトゲノム解読計画への民間会社の介入と自己顕示欲を満たしたワトソン

さて、ワトソンの強引な主張でスタートしたヒトゲノム解読計画は、クレイグ・ベンターという特異な人物の登場によって、大混乱に巻き込まれることとなった。彼はＤＮＡの塩基配列が自動的に行えるようになると、最新の研究装置を大量に備えた民間会社を設立し、数年間でヒトゲノム解読を成し遂げると宣言した。彼は大胆にも、個人で世界各国が関与する巨大計画に挑戦したのである。

ベンターは狡猾にも、自分の会社で得られた結果を一切公表せず、ただ、「現時点でヒトゲノムの解読が何パーセントに達したか」のみを発表し続けた。真偽は明らかでないが、彼の計画は恐ろしい勢いで進捗し、彼がヒトゲノムの五〇パーセントを解読したと発表したとき、世界各国による国際計画ではヒトゲノムのわずか一〇パーセントしか解読が進んでいなかった。ベンターは、もし彼の会社がヒトゲノムの全ての塩基配列を世界に先駆けて解読すれば、この結果を特許申請して彼の会社の私有物にしようと企《たくら》んでいたのである。

米国を含む世界各国の計画はこのため大混乱に陥った。米国議会の議員の中には、「民間会社にできることなら、政府が巨額の資金を出す必要はない」との意見を出す者もいた。しかし、ベンターの野望は結局成功しなかった。紆余曲折を経て、彼は自分が設立した会社を辞任し、会社はこの計画を中止した。

その後、国際ヒトゲノム解読計画がその目的を達したとの宣言が、二〇〇三年に米国で、盛大な式典において宣言された。ワトソンとクリックによるＤＮＡ二重ラセン構造の発見からちょうど五十周年にあたっていた。ワトソンの自己顕示欲は十分に満たされたことだろう。

しかし、本書ですでに指摘したように、ＤＮＡ上の塩基配列が全て決定され、この結果ＤＮＡ上の全ての遺伝暗号が指定する膨大な数のタンパク質が明らかになっても、リボソームから産み落とされたタンパク質がいかに生体を構成していくのかは、皆目《かいもく》わからないのである。この分子生物学のセントラルドグマの先に屹立《きつりつ》する謎は、生体の細胞質中に存在すると考えられるが、この謎に挑戦する有効な手段は現在に至るまで切り開かれていない。

しかし分子生物学者たちの前には、ワトソンの執念のヒトゲノム計画の「果実」（?）として、夥しい数の生体のタンパク質の存在が明らかになったのである。言い方を変えれば、彼らの前に、さしあたり研究すべき対象として与えられたのである。

この状況は、我が国の分子生物学者にとっても同様であった。これまで分子生物学のセントラルドグマに何の貢献もなし得なかった我が国の分子生物学者は、この状況に対しいかに反応したか、あるいはさせられたであろうか。何しろ日本政府は、我が国へのヒトゲノム解読計画参加のワトソンによる強要を、国難と信じているのである。

七・四　分子生物学の「先覚者」、渡辺格氏の言動

偉大なるエイブリーの遺伝物質としての核酸の発見、これに続くデルブリュックらのバクテリオファージの研究などに始まる、米国における分子生物学の発展期に、米国に留学し、帰国後「核酸シンポジウム」などを主催した渡辺格氏は、疑いもなく我が国における分子生物学の草分けであった。

しかし本書でも、また私の著書『論文捏造はなぜ起きたのか？』にも記したように、彼は我が国の研究者をまとめて、当時の最重要課題「核酸の構造の解明」に向かわせる器量がなかった。この事実は、先に述べたように、私の著書を「老生理学者の分子生物学に対する妬み」と酷評した読者も同意している。しかし過去のことを言っても始まらない。

私はじつは、第五章で言及した私の友人、パリ大学研究員のK君を介して、渡辺氏と多少の付き合いがあった。渡辺氏はすでに故人となられたが、私から見た彼の言動を記すことをお許しいただきたい。

私が渡辺氏と面識を得る以前に彼に注目したのは、我が国の利根川進氏が一九八七年、ノ

ーベル医学生理学賞を受賞された際、ストックホルムでの授賞式で終始利根川氏と同じテレビ放映の画面に入ろうと「努力」している渡辺氏の態度からであった。これは私の偏見ではなく、同じテレビ番組を見ていた友人がみな同じ印象を持ち、「よく恥ずかしくないものだね」と言っていた。なお噂によると、渡辺氏があまりしつこく利根川氏につきまとうので、「もうやめてください」と利根川氏に言われたという。

利根川氏は渡辺氏の勧めで海外に留学し、そのまま帰国せず大きな成果を挙げた。これは明治初期の高峰、北里のように、若年で欧米に留学し研究者として刺激を受ければ大成する、という過去の事実と照合して、日本人の優れた資質を証明したものである。

さて、当初ヒトゲノム解読計画に消極的であり、後に態度を改めた文部省は、一九九〇年代の後半、当時の生命科学諸分野で特に推進すべき研究を選定するため、公聴会を開催した。私は当時の筋肉研究分野の代表としてこの公聴会に出席した。

すると数名の審査委員の中には、脳生理学の伊藤正男氏と並んで、私の小学校以来の友人、M氏がいるではないか。彼は渡辺格氏の門下生の分子生物学者である。

我が国の分子生物学者はこれまで非生産的で、科学研究費も不足し不遇の状態にあり、新聞社の科学記者によると、試験管を買う金がなく、代わりに牛乳ビンを使っていたという。

これで私は即座に悟った。ワトソンの半ば恐喝的な、我が国へのヒトゲノム解読計画への参入要請に応対したのがM氏であったことを考えると、文部省はすでに我が国の分子生物学者に多額の研究費を配分することを決めていたのである。

さて、この公聴会があってから間もない頃、私は友人のパリ大学のK君を交えて渡辺氏と会食する機会があった。ちょうどこの時期、私立大学が文部省に対し研究装置助成の申請を行う締め切りが迫っており、各私立大学ではこの申請の学内優先順位をめぐる競争が行われていた。渡辺氏はこの頃、慶應義塾大学医学部教授である。分子生物学研究には高額な研究費が必要なのである。

ところが驚いたことに、「渡辺先生、そろそろ私立大学の研究装置助成の締め切りが迫っていますね、先生はどんな装置を申請なさるのですか」との私の質問に対して返ってきた答えは、「ええ！　それはいったい何のことですか？」であった。これで私は即座に悟った。渡辺氏はこの件について、教授会で完全に蚊帳《かや》の外に置かれていること、また研究をほとんどしていない（らしい）ことであった。これにはいろいろ事情があったのではあろうが、彼はどうやら慶應義塾大学でも「非生産的分子生物学者」の態度を保持していたらしい。

世間話のような会話が進むうち、彼は突然以下のようなことを言い始めた。「最近、私の弟子のM君が文部省から『我が国の分子生物学の研究振興は喫緊の課題なので、これに多額の資金を配分する予定であるが、あなた方は我々の期待に応える自信と準備がありますか』と尋ねられたところ、M君は『我々は欧米で進行中の分子生物学に追いつき、追い越す自信があります』と答えたらしい。私はM君のようなおとなしい人が、あんな強気な主張をし始めたことに驚いているのですよ」。

M氏の強気の主張については、本書ですでにプロ野球の喩え話をしたのでこれ以上は触れない。しかし我が国の分子生物学者の長年の非生産性は、研究環境の突然の好転などで改まることはなかったように思われる。事実M氏は、欧米の二番煎じの「DNAチップ」の会社を立ち上げた以外、これといった仕事をしなかったようである。

そしてずっと後年、大学の独立法人化に伴う不合理な競争的研究資金の導入により、分子生物学者たちは研究費の私物化や論文捏造に励むことになるのである。

七・五　遺伝子ノックアウトマウスに見る研究の投機性

DNAの遺伝暗号はmRNAに転写され、リボソームでタンパク質が合成される。しかし細胞質に産み落とされたタンパク質がいかなるしくみにより生体を構成していくかは、皆目わからない。

この最も基本的な謎に真っ向から挑戦する試みは現在に至るまで現れないようである。しかしじつは、欧米諸国のどこかで、このような創造的な研究を行っている研究者が、あるいは存在するかもしれない。生理学、生化学の黄金時代に、エイブリーがただ一人、核酸の研究を続けていたように。

さて、ワトソンの自己顕示欲に始まったとはいえ、ヒトゲノム解読の成功はそれなりの意義があった。人体を構成する夥しい数のタンパク質を指定する遺伝子がリストアップされたからである。あたかも家屋の建築部材の全てが並べられたように。

この段階で、世界各国の分子生物学者が研究目標としたのは、個々の生体のタンパク質が果たす役割を解明することであった。そしてこの目的のため考案された研究法の一つに、「ノックアウトマウス」がある。

この研究法は、任意の生体のタンパク質を指定する遺伝子を選び、この遺伝子が欠損したマウスが、遺伝子欠損のない対照マウスといかに異なっているかを調べるものである。この実験法の説明は煩雑《はんざつ》で、私にとっては耳学問で知識が浅いので一切省略する。

ただし、ある遺伝子が欠損したノックアウトマウスの作成に取り掛かる前に、このノックアウトマウス作成の成功の可能性を予め見積もることができるという。そしてこの成功の可能性が小さければ研究を断念し、ある程度大きければ、遮二無二《しやにむに》研究を始める。この研究法には、長い期間と巨額の費用が必要である。

このようにいわば投機的に研究を開始することに、私のような生理学者はまず驚く。そして多額の費用と努力の末、首尾よくある遺伝子が欠損したノックアウトマウスが作り出せても、そのマウスと未処理の対照マウスとの間に何の差異も見出せない場合がしばしばあるという。

これは、たとえある特定の遺伝子を欠損させても、マウスが卵から胎児を経て成体に成長する期間に、何らかの未知の「代償作用」が働き、遺伝子の欠損効果を打ち消してしまうためと考えられる。そしてこのような結果に終わった研究は、「失敗」であるとして発表されることなく消えてしまうのである。

もちろん、実験が「成功し」、ノックアウトマウスと対照マウスとの間に明瞭な、外観、行動、機能などの違いが見られる場合もある。すると研究者は、「鬼の首をとった」かのように喜び、研究結果を発表する。そしてこのノックアウトマウスで実験的に欠損させた遺伝子がマウスで果たす役割が解明された、と主張するのである。

筆者は欧米に友人が多いが、彼らに尋ねた限りでは、どうやらノックアウトマウスの研究は失敗例が成功例を上回るらしい。失敗した研究者は論文を発表せず沈黙してしまうので、確かなことは知りようがない。

生理学者としての私の立場から忌憚《きたん》なく言わせていただければ、ノックアウトマウスの実験は、生体に元来備わった「欠損遺伝子の影響を覆い隠す代償作用」の存在のため、論理的に破綻している。なぜなら、たとえ予想通りノックアウトマウスに対照マウスと異なる点が発見されても、それは必ずしもストレートに、欠損させた遺伝子の役割を示すとは言えないからである。見出されたノックアウトマウスの異常は、「風が吹けば桶屋が儲かる」の喩えのように、いろいろな複雑な過程を経た後に測定可能な差異として現れる可能性を否定できないからである。

よく考えれば我々自身のゲノムにも、ある遺伝子が欠損している可能性がある。しかし生体に備わった代償作用のおかげで、我々は「見かけ上」正常に暮らしているのかもしれない。してみると、ノックアウトマウスの失敗例は、大自然が作り出した生体の神秘が、あたかも地下の鉱床の露頭のように我々の眼前に現れていると思われる。

それにもかかわらず研究者は、このような機会を捉えようとはせず、失敗として葬り去るのである。これではまるで投機者ではないか。そしてこのような精神構造の研究者が困難な状況に陥れば、論文捏造に走るであろう。

さらに看過できないのは、このような投機的研究を行う研究室に、分子生物学志望で進学する大学院生たちは、奴隷のように酷使され、使い捨てにされることである。この件についてはすでに出版物があり、その中で彼らは自らを「ピペド」（奴隷のようにひたすらピペットを使用させられること）と称しているという。

第八章　国立大学有名教授による科学研究費の私物化

本書のこれまでの各章では、かつて我が国では明治政府の期待に応え、歴史に残る成果を挙げた若者たちが輩出したにもかかわらず、その後は我が国特有の、成功者を嫉妬し足を引っ張る国民性により、彼らの後に続くべき若者たちを育成する環境がたちまち破壊されていった経過を論議した。

とはいえ、我が国の医学部に所属する神経生理学者たちは、当時世界の研究の最先端を走っていた偉大な田崎一二の影響下に、神経生理学の黄金時代に世界一流の貢献を行ったことも書いてきた。

この神経生理学の黄金時代が成功《せいこう》裡《り》に終わりを告げると、欧米で勃興《ぼっこう》した分子生物学の発展に、我が国の分子生物学者は全くついてゆけなかった。この原因は、渡辺格、柴谷篤弘ら、我が国の分子生物学の「草分け」を自任する人々の、研究者としての資質の欠如により、分子生物学者志望の若者に、欧米の学問をひたすら尊敬し、これにひたすら追従しようとする精神を植え付けてしまったことにある。

そしてこの我が国の分子生物学者の精神構造は、ワトソンにより加えられた外圧の結果、突然、研究環境が飛躍的に改善されても、少しも変わらなかった。「追いつき、追い越すのだ」という言葉は、所詮、空念仏《そらねんぶつ》に過ぎなかったのである。

さて、我が国の生命科学が周回遅れとなった別な原因がある。これが本章で述べる「国立大学有名教授による科学研究費の私物化」である。

この行為の根底には「自分の研究に十分な研究費が得られれば、あとはどうなってもよい」という利己心がある。このような利己心を抑える心を、明治生まれの人々は持っていた。一九六〇年代初期には、文部省科学研究費の審査員となった東大医学部W教授は、教室員に向かって、「本年度は私が審査員なので、依《え》怙《こ》贔《ひい》屓《き》とのそしりを避けるため、あなた方の申請は採択しませんよ」と言われた。

このような他者に対する倫理的配慮は、現在では全く消えうせた。我が国における研究者数の激しい増大と、研究者間の競争の激化の中では、他者を思いやるなど自殺行為であろう。しかしそれにしても、行き過ぎた利己心は悲劇の原因となることがあり得る。本章では私が直接関わった事例について、具体名などは伏せながら述べることにしたい。このようなことが二度と起こってほしくないからである。

しかし、以下、本章で述べる出来事は、私が高齢（二〇二二年三月現在で八十八歳）なので、私の記憶違いによる間違いが含まれている可能性があることをお断りしておく。

八・一　Ｏ大学のＡ教授とＢ君の私との関わり

これから述べる話は、生命科学のうちの「筋収縮および細胞運動」に関する研究分野でのことである。この分野の研究者数は、分子生物学分野のそれに比べればはるかに少ないが、それでも我が国で毎年開かれる学術集会には百名以上の参加者があり、また欧米のこの分野の研究レベルにいささかも劣らない。私もこの分野の重要な研究者の一人であると自負している。私の研究については、改めて後の章で説明する。

さて、近年物故されたＡ教授は、我が国の生物物理学の研究分野の創始者の一人であった。まだ私が東大医学部生理学教室に勤務しているとき、私はＡ教授から突然電話を受けた。「私の研究室に、Ｂ君が大学院生として入ってきた。極めて優秀な男なので、杉さんのところで筋肉の扱い方を指導していただきたい」とのことであった。

私がこれを承諾すると、さっそくＢ君がやってきて、一週間ほど私のところで単一筋繊維の分離法などを習った。Ａ教授の言葉通り頭脳明晰で、筋肉の研究法について見識を持っており、将来有望な人材であった。

B君は期待に違わず、良い研究を始め、一流の欧米学術誌にどんどん論文を発表した。ところが当時、A教授の研究室には研究員（助手）の空席がなく、ひとまず技術員（教務職員）のポストが空いたので、これに就任した。教務職員の給与は低く、研究費の申請も、国外の学会出席のための旅費の申請もできない。もちろん、研究や外国出張の費用はA教授が支出していたが。

B君の教務職員時代は十年も続いた。自由に研究できるとはいえ、さすがに彼は不平をもらすようになった。あるとき、私は、オーストリアのチロル地方での学術集会の帰途、ウィーンに立ち寄り、私の友人のハイシュトラッヒャー教授の研究室で講演することになっていた。するとB君と、彼の友人のC君が私に、「一緒にウィーンに連れて行ってくださいませんか」と頼んできた。私はこれを承知と、まずチロルから列車でウィーンに向かった。

車中でB君は私にこう言った。「A先生は本当に冷たい方です。私に十年も教務職員をさせておくとは。これからは杉先生にどこまでも付いてゆきますので宜しくお願いします」。私も彼の境遇には同情していた。

ウィーンに着くと、駅に出迎えてくれたハイシュトラッヒャー氏は、我々をウィーン郊外のレストランでもてなしてくれ、次の日は私が両君を、私の大好きなウィーン美術史美術館に案内した。すると意外なことが起こった。美術館の正面の壮麗な階段を上り始めたとき、B君は突然、「こんな立派な階段は、国民から搾取したことによるものだ、怪しからん」と怒りだしたのである。そして美術館内の名画の前でも「搾取、搾取」と言い続けた。

美術館の名画の前で何を感じようと、考えようと、言おうと自由であるが、同じ言葉を繰り返して、他人の感興をそぐ彼の態度に、私は違和感と、何となく不吉なものを感じた。そして私の予感は間もなく現実となったのである。

八・二　ある大型グループ研究申請採択結果と、二つの研究室の消滅

前章で記した、文部省の生命科学各部門への研究費の配分に関する諮問が行われて間もなく、文部省からこれらの研究分野に対し、大型の研究グループの結成を対象とする申請計画の提出が要求された。私はこれまで、筋収縮と細胞運動に関する国際シンポジウムを開催した実績などから、私が研究代表者となり、この分野のグループ研究を申請することになった。

さて、筋肉のX線回折実験で私の研究室と協力していたD教授は、かねてからB君が優秀

な研究者であるのに、教務職員という身分にとどまっていることに同情されていた。欧米の研究者間でも、「Ｂ氏は極めて有能な研究者であるにもかかわらず、極めて低い身分である」ことは知れ渡っていたのである。

Ｄ教授は、ちょうど彼の研究室の助教授のポストが空席となった機会に、このポストを、同じＯ大学のＡ教授に「Ｂ君のためにお使いください」と提供されたのである。真に公平無私な行為である。Ｂ君は一躍、助教授に昇任した。これは彼が研究代表者としてグループ研究の申請が可能となったことを意味する。

一方、私は、予定通りＤ教授らとともにグループ研究を申請し、審査結果を待っていた。ところが私と親しいＥ教授から突然電話がかかってきた。

「杉さんたちが申請されている分野のグループ研究では、申請締め切りの直前に応募してきたＢ君の申請が採択されるようです。私はこれで我が国の筋肉研究分野が二つに割れてしまうことを心配しております。以上、とりあえずお知らせしておきます」。私はこれで、Ｄ教授のＢ君に対する好意が、いわば「裏目に出た」ことを知った。

私はこの件にけじめをつけようと思い、Ｂ君に電話した。彼はこう釈明した。「私はＡ先生に呼び出されて、グループ研究代表者として急遽申請せよ、と命じられました。申請締め切りまで時間が不足しており、とても申請はできません、と答えても、A先生はどうしても申請書を書きなさい、と繰り返し厳命されるのです。そして私に、これを参考にしなさいと、ある書類を示されました。私は仕方なくそれを参考にして申請書を書いて提出しました。どうかお許しください」。

私はB君の「ちゃっかりした」態度にも驚いたが、それよりも「杉（私）に筋研究の主導権を渡してなるものか」というA教授の執念（?）に驚き、電話を切った。この書類が何であったかは、読者の想像にお任せする。

なおB君は、私に対する謝罪のしるしとして、彼のグループ研究が採択されると、私の研究室のメンバーを二人、グループに加えたいと申し出、私はこれを受け入れた。そして私は「この件は水に流そう」と思った。

しかし、B君の研究グループの採択は思わぬ結果をもたらした。B君は研究グループの研究協力者として、各研究室の若い助手を選んだからである。私と長年、密接な研究協力を行ってきた東大のF教授は、かねてより不仲だった助手に多額の研究費が支給されることを不快に思われ、研究室ぐるみで筋肉研究から撤退してしまったのである。これは私にとって痛手であるとともに、これまで筋肉研究に励んでいた教室員、大学院生にとっても不幸なことであっただろう。

さらにほぼ同様なことがＧ大学のＨ教授の研究室でも起こり、当時Ｈ教授の後任として教授に就任するはずであったＩ氏は、教授との関係が壊れて別の大学に移り、Ｇ大学の細胞運動研究室は断絶してしまった。

八・三　Ｂ君の単分子ＡＴＰ実験と、欧米の研究者の反応

私は幸運にも、健康に恵まれ長寿を保っているので、世の中の成り行きを見届けることができる。前節に記したいきさつにより、長い地位的な不遇から脱したＢ君は、その後、順調に教授に昇任し、さらに文部省に対し絶大な影響力を持つＡ教授の支持により、以前には考えられなかった巨額の研究資金と多数の研究スタッフを有する大研究計画の代表研究者となった。何しろこの研究計画は、研究棟の建設からスタートしたのである。

この世界にも例のない巨大研究計画の目的は、筋収縮のエネルギーである個々のＡＴＰ分子を、蛍光標識により、超高性能光学顕微鏡下にその動きを可視化し、この一分子のＡＴＰによって起こる筋肉の収縮タンパク質（アクチンとミオシン）間の滑りによる超微小力学的

図8·1　スピューディッチが開発した実験法

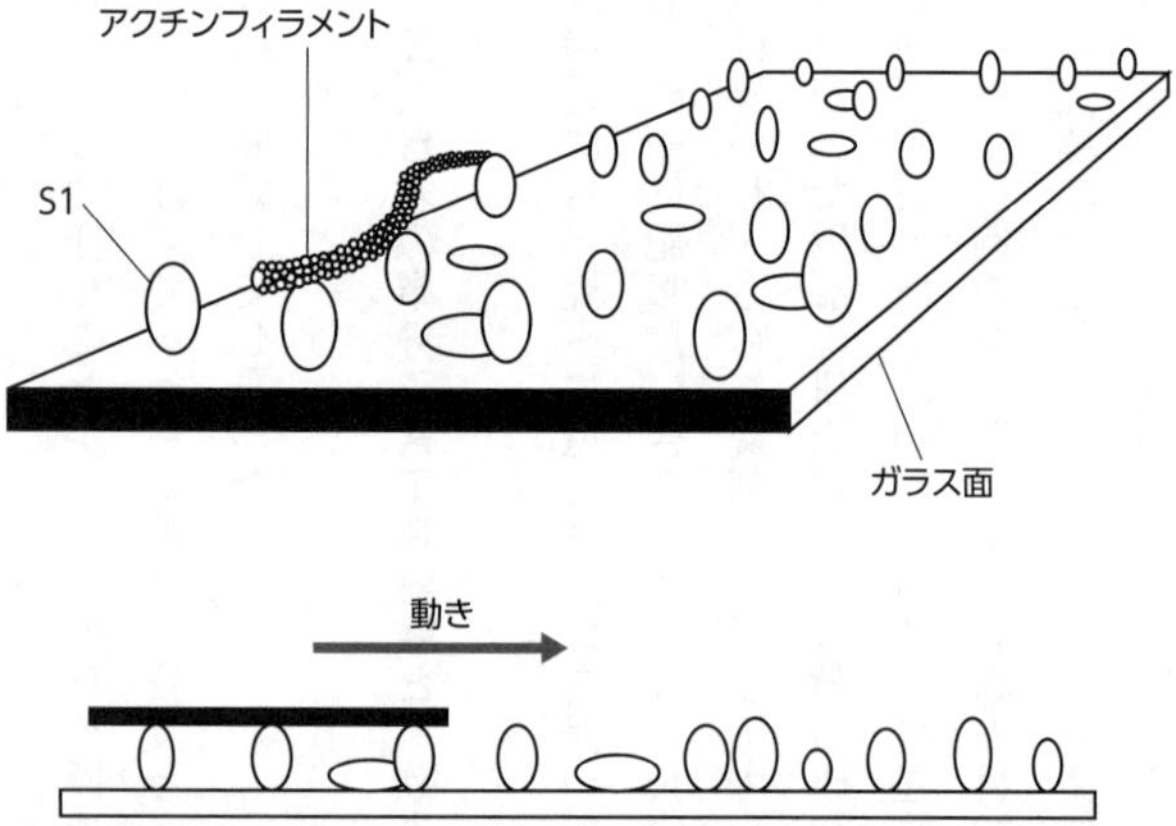

変化を記録しようとするのである。

　この研究計画には歴史的背景がある。まず、Ａ教授の研究室で個々のアクチンフィラメントを蛍光標識する方法が開発され、光学顕微鏡下の個々のアクチンフィラメントの運動が可視化された。すると米国スタンフォード大学のグループがさっそくこの技術を利用して、ガラス面上にランダムに固定したミオシン分子頭部の上を、蛍光標識したアクチンフィラメントをＡＴＰ存在下にジグザグに滑らせる実験系を開発した（図８・１）。

　Ａ教授の研究室でも同じ実験系を作製し、アクチンとミオシン間のＡＴＰ一分子あたりの滑り距離を測定した結果、数十ナノメートルという大きな値を得た。筋肉内の筋フィラメント格子構造から見て、この値は、「ＡＴＰ一分子の分解エネルギーを使ってミオシン頭部が複数回、アクチンフィラメントを動かす運動（パワーストローク）を繰り返す」という、従来の定説に真っ向から反する結果であった。

　当時私は友人とこう話し合った。

「Ａ教授の研究室の実験は、Ａ教授のアイデアに違いない。そしてＡ教授はＢ君に命じて自説を固めようとするだろう。何しろ彼はＢ君に巨額の投資をしたのだから」。

　一方、スタンフォード大学のグループも、同様の実験を行った結果、ＡＴＰ一分子あたりのアクチン‐ミオシン間の滑り距離は、従来の定説を支持する十ナノメートル以下であった。このように全く異なる結果が同じ実験系で得られたことは、この実験系におけるＡＴＰ分解量の測定精度が十分でないことによるものであり、したがってこのような実験は問題の解決にはならないとして、以後繰り返されることはなかった。

　さて、Ｂ君がＡ教授の絶大な支持を得て行った、単分子蛍光ＡＴＰの運動記録を含む実験は成功し、論文が発表された。そして実験結果は（Ａ教授のアイデア通り）、ＡＴＰ一分子の加水分解エネルギーを利用してミオシン頭部が複数回パワーストロークを繰り返す、というものであった。

しかし私の印象では、Ｂ君の実験結果がこのような結論に繋がるようには思われなかった。Ｂ君はＡ教授から受けた絶大な支持に報いようと無理をしているのではないか。

事実、私が立ち会った、Ｂ君の米国での学会発表でも、聴衆や質問者は敵意に満ちた態度を示す者が多いようであった。私はＢ君に多少同情した。なぜなら筋収縮がＡＴＰによって起こることは周知の事実であり、巨額の費用と努力の結果得られた実験結果から、新しい考えを提出しなければ、Ｂ君の実験は「当たり前」のことを巨額の費用をかけて確かめただけで、「ご苦労さま」と言われるだけだからである。この事情は本書の第五章で述べた脳研究分野での、機能的ＭＲＩから得られた結果が、既知の脳の機能地図の追認に過ぎなかったことと何となく似通っている。

欧米の研究者のＢ君に対する「敵意」には、やはりこれ以外にも伏線があった。それは彼の性格に由来するもので、これはすでに記したウィーン美術史美術館での彼の態度に現れていた。彼にとって、筋肉の手ほどきをした大先輩の私が、時間を割いて案内しているのに、名画を前にして場違いな言葉を繰り返したことは、他人に対する配慮に欠けている。この性格は、論文を書く際に他の研究者の仕事を引用しないことに繋がり得るであろう。

事実、私は彼が当然引用すべき私の研究室の仕事を全く引用しないことに立腹したことがある。また私が交際していた欧米の研究者たちも、Ｂ君が他の研究室論文を引用しないことで私と意見が一致した。

２０００年12月のある週、私は研究室に届いたある米国の著名な学術誌を手にとって驚いた。表紙をめくると、その裏面にはＢ君の大写しの顔が印刷されており、記事の見出しには、「Ｂ氏は魔術師か、それとも（学問の）攪乱者《かくらんしゃ》か？」とあるではないか。そして以下、数ページにわたってＢ君の批判が記されていた。

まず記事は、Ｂ君が欧米の研究者が逆立ちしても獲得不可能な巨額の研究費で行った、単分子ＡＴＰ実験を魔術に喩え、次いでＢ君の（じつはＡ教授の？）主張、つまりミオシン頭部は一分子のＡＴＰあたり複数回のパワーストロークを繰り返す、という主張は、もともと彼の研究では原理的に検証不可能であり、したがってＢ氏はこの分野の学問の攪乱者に過ぎないのではないか、と記されていた。

そしてこの学術誌の記事を境として、Ｂ君の論文は欧米の一流学術誌には現れなくなった。これで私は思った。Ｂ君は欧米の研究者から「公式に」疎外されたのではあるまいか。

事実私が、近年欧米の著名な研究者と議論中、たまたま話がＢ君の単分子ＡＴＰ実験に及ぶと、彼らは一様に、「B氏の言うことを信じている人など、もういませんよ」と言うのである。

八・四　有力教授の利己的要望がまかり通る風潮

文部科学省に科学研究費を申請するには、部、分科、細目を決めなければならない。たとえば私の場合なら、部は医学、分科は生理学、細目は筋肉生理学とする。言うまでもなくこの分野は歴史が古く、昔の生理学者は、W教授のように、「本年度は私が審査員に任命されたので、あなた方の申請は採択してあげられません」と教室員に告げるモラルがあった。

しかし時代が移り、新興の「生物物理学」などが申請分野に加えられてゆくと、W教授時代の「他人を思いやる心」は消えうせた。

我が国特有の、有力教授の利己的な要求が無条件に受け入れられることは、繰り返して言うが、北里柴三郎の伝染病研究所からの追放に端を発している。そして私がこの原稿を書いている時点（二〇二一年四月）で、北里追放によりその発展の芽を摘まれた我が国の免疫学は、自ら新型コロナウイルス感染症に対する抗体を生産することもできず、外国から購入したワクチン接種は遅々として進まない。

さて、A教授のB君に与えた研究計画資金ほど巨額ではないが、このA教授を含む有力教授たちが恣意的に門下生に供与した研究費はかなり多数あったようである。金額は一件あたり一億円くらいで、研究期間は数年間に及び、門下生が若くまだ助手であっても、上司の教授の頭上を飛び越えて与えられた。いきなり若い教室員に、研究室の毎年の研究費よりはるかに高額の研究費が与えられれば、教授との人間関係は崩れてしまう。

このようにして研究室が、有力教授の恣意的な行為の犠牲となり、空中分解してしまう事例はかなりあったらしい。あるとき、文部省発行の月刊誌『学術月報』に、以下のような批判記事が掲載された。

「近年、有力教授が若い愛弟子に、何の前触れもなく一億円のオーダーの研究費を支給する事例が相次いでいる。通常、国立大学各研究室の研究費は数百万円に過ぎない。したがって自分の頭越しにこのような事態となった教授は精神的打撃を受け、研究への自信と意欲を失う。また研究室の人間関係が崩壊するので、高額の研究費を受けた助手ものびのびと研究することができず、精神的重圧を受ける。つまり、このような利己的、理不尽な有力教授の振舞いの結果、教授、助手ともに研究者として「つぶれてしまう」、最悪の結果が起こりつつある」。

私はこの『学術月報』の記事によって、有力教授の横暴が多少抑えられたか否かは関知しない。しかし私は、このような事態にもくじけず研究成果を挙げた教授の例を知っている。これについて記しておこう。

例のＡ教授は、弟子のＪ氏に一億円オーダーの研究費を支給した。Ｊ氏はこの研究費により、高額の研究機器を購入し研究を行い、国外の学術雑誌に論文を発表し、Ａ教授の期待に応えた。

ところがその論文は、私から見ると研究の意義が不明瞭であった。Ｊ氏はかねがね、「面白ければ何をやってもいいんですよ」と放言していた。この「面白い」という言葉に込められた意味が問題なのである。

Ａ教授一門の、新興の生物物理学者は、生命現象を物理学の立場から明らかにしようとする覇気に満ちていた。この点で彼らは、本書で私が繰り返し非難する分子生物学者とは決定的に異なっていた。世界的に見ても、新興の生物物理学は欧米各国で発展しており、そして我が国の生物物理学者はこれに立派に伍していた。

さてここでＪ氏の「面白ければ」という言葉の意味を、生理学者の立場から詮索してみよう。物理学者の基本的研究法は、研究対象をその構成単位に分解して、個々の分解産物の物理学的性質を研究することであろう。このような研究法は、私のような生理学者にとっては異質なのである。

生理学者にとって生物とは、生体を構成する要素が互いに協調して、生命現象を支えあっていることが常に念頭にある。そしてこのような研究態度から得られた知見が、身体の疾患を治癒する臨床医学を支えている。

一方、生物物理学者の立場はこれとは異なる。極端な例であるが、田崎一二氏が研究対象とした有髄神経線維の髄鞘は、活動電位の跳躍伝導を可能とする絶縁体である。したがって、神経生理学者にとっては、髄鞘そのものを物理学的に研究することは、研究の本筋から離れている。つまり生理学者にとっては、髄鞘をさらに分解して、その分解物の物性を調べることとは興味の外にある。

Ｊ氏の言う「面白ければ――」という言葉は、生体を構成する物質を分解して、その分解産物の離合集散を研究すれば、面白い現象は多々見つかる、ことを意味している。それには違いないが、それは生理学者にとっては「どうでもよい」と思われることがあるだろう。

Ｊ氏の仕事は、私の上記の考えが当てはまるような性質のものであった。私の友人の生化学者でさえ、「Ｊさんは〝センス〟の悪い人ですね」と言っていた。

さて、Ａ教授の無神経な行為により、自分の研究室を攪乱されたＬ教授はどうしたであろうか。彼はＪ氏には目もくれず、研究室の優秀な大学院生たちを督励《とくれい》し、あるときは互いに競争させて、酵母菌に関する研究を成功させ、世界的な名声を得た。

なお、大学法人化後、研究意欲にあふれていた生物物理学会のメンバーの活動は、現在衰微してしまったようである。これは、この分野の研究の推進者、Ａ教授が亡くなられて、彼の直弟子が次々と引退し、彼らの後継者が育たなかったためであろう。競争的研究資金も、自由な発想をする者は適合できないであろう。

本章の終わりに再度繰り返すが、以上述べた記述の中には、私の記憶違いなどによる誤りや偏見が含まれているかもしれないことをお断りしておく。

第九章　極めて高かった新聞科学欄記者の能力とその急激な劣化

本書の第三章に記した、北里柴三郎の伝染病研究所からの追放で明らかとなった我が国特有の悪弊——つまり、国立大学有力教授の意見に唯々諾々と従う、我が国の政府の無定見——は、その後、時が移るにつれ、ますます目に余るものとなっていった。

私は第八章を書いていて、暗澹《あんたん》たる気分になった。この我が国の生命科学分野の悪弊の責任は、有力教授の恣意的な振舞いと、政府の無定見とによるものであるが、この事態に対する責任は、どちらかといえば政府の側のほうが大きいと思われる。

その理由は、「人生は限られている」ことにある。研究者に限らず誰でも、与えられた人生のうちに自分の目標をできる限り達成したいと考えるのは当然であり、他を顧みない横暴な行為は、その焦りの反映であるからである。

これに対して政府には、有力教授の恣意的な振舞いを正し、良好な研究環境がどの研究者にも平等に与えられるように努力する責任がある。このためには、現在の文部科学省に、十分な科学研究に関する経験・知識とともに、社会正義を貫徹する指揮権を備えた人物を置くことが必要である。この件については、本書の後の章で私の考えた具体的方策を提案する。

また、私の六十余年に及ぶ研究生活においては、我々の研究を社会に知らしめる役割を果たすべき、新聞科学欄の担当者（記者）の質の劣化は目を覆うものがある。この件については、私自身の、当時我が国における新興の研究分野であった、生物物理学分野での経験をもとにして説明しよう。

我が国の生物物理学者たちは、良くも悪くも生命現象に物理学的思考法で挑戦しようとする意欲にあふれていた。終始、傍観者的態度であった我が国の分子生物学者とは、別人種であったかのようである。

なお、生物物理学者と分子生物学者とは、当初は合同で生物物理学会を形成したが、間もなく後者はこの学会を脱退して分子生物学会を作った。しごく自然のなりゆきであった。

九・一　私と新聞の科学欄記者との、研究紹介記事を介する関わり

一九八〇年代から文部省は、各研究機関の研究費申請者に対し、自分の行っている研究の内容や意義を、新聞や雑誌などで一般の人々に報告・説明することを要求するようになった。これは大変よいことである。

当時、世界各国の生物物理学者は、米国のスピューディッチが創始した、筋肉から分離し蛍光標識したアクチンフィラメントを、ガラス面上に固定されたミオシン分子頭部の上をA

ＴＰ存在下に滑走させる実験系を使用して研究を進め始めた。このような実験系を「in vitro motility assay」実験系という（196頁図８・１参照）。

当時私は、この実験系がアクチンとミオシン間の滑り運動の速度しか測定できないことに着目し、ミオシンをコートしたガラス細管を、シャジクモの巨大節間細胞内のアクチンフィラメントの束に沿って滑らせる実験系を開発した。この実験系では、アクチンとミオシン間の滑り速度ばかりでなく、ガラス細管の曲がりから、アクチン－ミオシン間の滑り力を同時に測定できる。

私はこの新しい実験系を新聞紙上でも発表しようと思い、『毎日新聞』の科学部に電話すると、すぐに科学部記者が私の研究室に来訪され、私の説明をよく理解された後、『毎日新聞』の科学欄に写真入りで、私の研究室で考案した実験系を報道した。

私はさらに、遠心顕微鏡を製作し、ミオシンをコートした微小ビーズを、シャジクモの巨大節間細胞内のアクチンフィラメントの束を滑走させ、種々の遠心力下でのビーズの運動速度を測定する実験系を作製した。そして今度は『朝日新聞』の科学部に電話したところ、やはり記者が私の研究室に来訪され、私の説明をよく理解され、科学欄に紹介記事が掲載された（図９・１）。

図9・1　『朝日新聞』科学欄の紹介記事（1989年4月24日夕刊）

1989年(平成元年)4月24日　月曜日　朝日新聞　(夕刊)

走れ"黒いウサギ"

筋肉成分の収縮力競走

帝京大・杉晴夫教授らが実験

円盤に並べ、遠心力かけ測る

「黒いウサギ」たちが、走っている。向かい風に負けて、棄権する脱落者の姿もある——ウサギの筋肉から採ったミオシンというたんぱく質を素材にして、筋肉のしくみを探っている帝京大学医学部の杉晴夫教授（生理学）、一橋大学の上坪英治教授（細胞生理学）、東京大学理学部の新免輝男・助教授（植物生理学）らのグループが今春、進めている実験だ。

画像上を走る黒い影は、ミオシンを塗り付けた直径四㍈のビーズ玉。競走路は、藻の仲間、シャジクモの葉緑体の列。アクチンと呼ばれるたんぱく質の繊維が束になって葉緑体沿いに延びている。

筋肉の収縮は、ミオシンとアクチンの繊維が滑り合うことで起こる、といわれる。この二つが接触すると、片方がリニアモーターカーのように動くわけだ。そのエネルギーは、「生き物のガソリン」といわれるアデノシン三リン酸（ATP）が分解されて得られる。滑り合い現象の観察やその力の測定は、大阪大学基礎工学部の柳田敏雄教授らのグループや杉さんらのグループが、すでに発表している。

今回は、ミオシンのビーズ玉を、「向かい風」にあたる遠心力の中で走らせ、遠心力に負ける瞬間をとらえて、筋肉収縮の原動力を測ることにした。競走路のアクチンを回転円盤の上に敷いて、毎分数百—数千回の速さで回す。「競走路」が顕微鏡の対物レンズの下を通過するたびに、光のフラッシュを当て、その瞬間をビデオで連続撮影した。

回転数を上げると、だんだん後ろに吹っ飛ばされるビーズ玉が現れ始める。写真では、左から右へ「遠心力」が働いており、A、B、CのうちBが、毎分五百回転あたりで脱落した。どのぐらいでへこたれるかは、ビーズ玉に塗られたミオシンの質の違いなどによるらしい。

この手法の利点は「負荷を、遠心力という形で、うまく制御できること」と杉さん。今、力と速度の関係などを測定中だ。

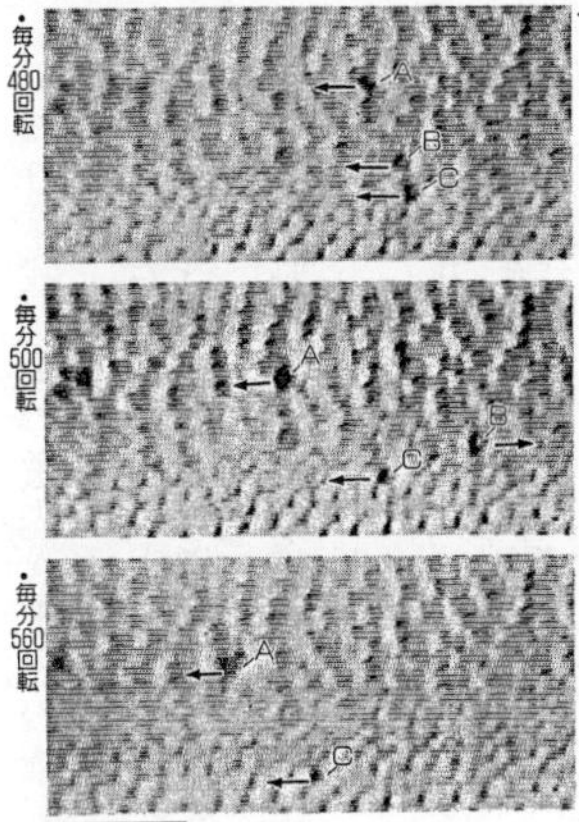

アクチンの上を走るミオシン付きのビーズ玉。遠心力は左から右に向かって働いている＝帝京大の杉晴夫教授ら提供

余談になるが、この頃、私は蛍光ＡＴＰを使用する実験を英国のレスター大学のクリーブ・バグショウ氏と計画しており、我が国の蛍光ＡＴＰの権威であるＮ大学のＰ氏を招いて教えを受けた。このときＰ氏が言われたことは忘れられない。

「私は杉先生のところへうかがう前に、Ｂ先生（第八章のＢ君を指す）に呼ばれて蛍光ＡＴＰの話をしました。するとＢ先生は私に、他の研究室の人には蛍光ＡＴＰについて教えないでほしい、と言われましたよ」。

さて、これよりもずっと後年の一九九七年、私は苦心の末、ある特殊な合成フィラメント上のミオシン頭部が、ＡＴＰ加水分解と共役した運動の、電子顕微鏡下の可視化と記録測定に成功した。ちょうど東京に滞在中の英国のアンドリュー・ハクスレー氏（一九六五年、ノーベル医学生理学賞受賞）はこれに大変喜ばれ、私どもの論文を『米国学士院紀要（ＰＮＡＳ）』に紹介された。

私はこの画期的な研究を新聞に掲載してもらおうと、『朝日新聞』の科学部に電話した。この電話は同新聞の大阪支社に繋がり、電話に出た記者は私にこう言われた。

「私は生物系の大学院を卒業しておりますので、さっそく杉先生の『ＰＮＡＳ誌』の論文別冊をお送りください。すぐ記事として掲載いたします」。

図9・2 『朝日新聞』の紹介記事（1997年6月18日夕刊）

997年（平成9年）6月18日　水曜日　　朝日新聞　（夕刊）

筋肉の動きキャッチ

帝京大グループが電子顕微鏡で撮影

たんぱく質の滑る長さ　従来の学説の倍

筋肉の伸び縮みを引き起こす原動力である、たんぱく質の繊維どうしが滑る様子を、生きたままの筋肉を使い電子顕微鏡で撮影することに帝京大医学部の杉晴夫教授と研究生の秋元剛さんのグループが世界で初めて成功した。あらゆる動物の「動き」や「力」の源泉を直接観察したことになり、筋肉のメカニズム解明へ弾みをつけるものとして注目される。

筋肉は二種類の細長い繊維状の分子から構成される。球状の分子アクチンが長く連なったものと、細長い分子ミオシンで、それらが並行に並び、それぞれが滑ることで伸び縮みする。

アデノシン三リン酸（ATP）と呼ばれる物質をエネルギー源とした一種のエンジンと考えられる。一つひとつの動き（滑り）は十ナノメートル（ナノは十億分の一）程度と小さいが、一つの筋肉の中に滑るポイントが一ミリ当たり五百個程度ある。滑りは繰り返し起きるので、全体として目に見える大きさの伸び縮みになる。

ミオシン分子には枝分かれがあり、先に「頭部」と呼ばれる部分があって、アクチンに結合している。頭部が動くことでアクチンとミオシンの滑りが起きるらしいことが英国のH・ハックスレー、A・ハックスレー両博士らの研究でわかっている。

しかし、観察するには光学顕微鏡より倍率が高い電子顕微鏡が必要でこれまで実現しなかった。それは①電顕は内部が真空になっているため、そのままでは筋肉の水分が飛んで死んでしまうし、それを防ごうとカバーをかけると電子線が通らなくなる②十万ボルト以上の高電圧で加速された電子線を当てるので、生き物はその被ばくで普通は撮影と同時に死んでしまって動きを見ることができない、ためだ。

そこで杉教授らは、日本大の深見章名誉教授らが開発したごく薄い炭素膜（薄いところで厚さ一マイクロメートル以下、マイクロは百万分の一）で筋肉を保護した。この膜は筋肉を湿った状態に保ちながら、電子線もそれなりに通す特性がある。また、電子線の量を最小限にするために、写真フィルムの百―千倍の高感度を持つ「イメージングプレート」と呼ばれるデジタル記録媒体を使った。

ウサギの骨格筋の繊維を採り、東京大の須藤和夫教授が開発した抗体を使ってミオシン頭部の先端に金の微粒子をつけて標識にし、ムール貝の貝柱のたんぱく質の上に並べた。ATPを加えると滑りが起き、その前後の二コマが倍率一万倍で撮影できた。

イメージングプレートの検出限界近い電子線の少なさだが、それでも筋肉には相当なダメージがあり、三コマ目の撮影はできないという。

注目されるのは、滑りの長さが従来の学説の倍近い二十ナノメートルだったこと。これまでは、長さ約二十ナノメートルのミオシン頭部が四五度程度傾くことで、十ナノメートルの滑りが生じると考えられてきた。

杉教授は「今回の撮影結果は従来説では説明がつかない。頭部とミオシン本体を結ぶ枝分かれの部分が縮むなど、新しいメカニズムを考える必要がある」と話している。

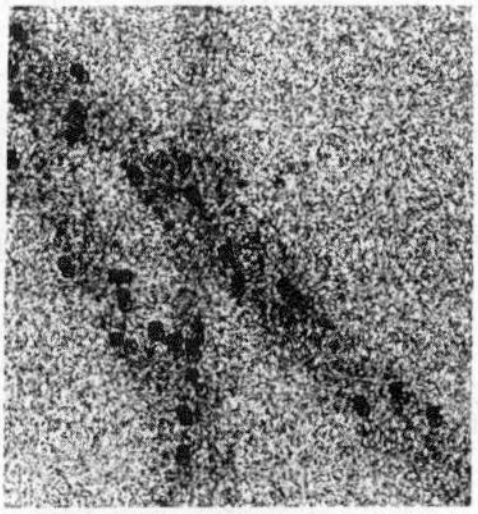

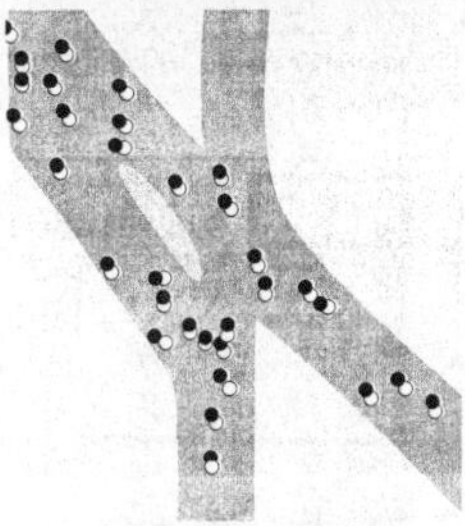

ミオシンの滑りを示す電子顕微鏡写真（上）。中図の○印の位置にあったミオシン頭部が、ATPを加えると●印の位置まで平均約20ナノメートル移動した＝杉教授提供

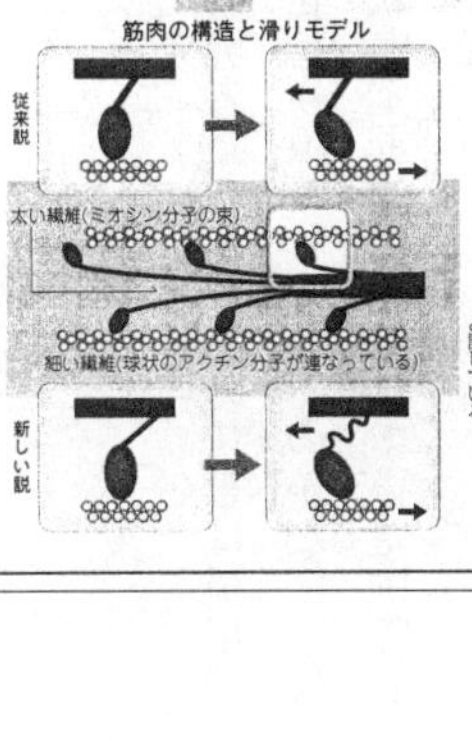

そして彼は私に何の質問もせず、私の論文を直ちに読み、内容をよく理解して、立派な紹介記事を夕刊の一頁を使って出してくださった（図9・2）。

この記事が出てしばらくすると、大阪支社の記者から電話があった。「杉先生のお仕事の紹介記事を出したところ、当地の若い研究者たちが『あの仕事は信用できない』と言っております」とのことである。私はB君が私を逆恨みしているのかな、と思った。なぜなら私は、彼のたび重なる利己的行為に呆れ、私が定期的に開催していた国際シンポジウムの招待者リストから彼を外してしまったからである。

以上、少々脱線したが、私の言いたいことは、当時の新聞の科学欄の担当記者の質が極めて高かったことである。そして、このような人々が文部省にいたら、有力教授の暴走もなかったかもしれないと思う。

九・二　極めて高かった新聞の科学欄記者の能力

さて私は二〇〇四年、七十歳で勤務先を定年退職後、日本電子株式会社のご厚意で、まず研究の場を同社に、次いで東京農工大学に移して研究を続け、熱心な協力者にも恵まれて、ついに念願のウサギ骨格筋の生きた合成ミオシンフィラメント上の、ミオシン頭部のATP加水分解と共役した運動を、電子顕微鏡下に記録することに成功した。二〇〇八年のことである。

この実験は、まずアクチンフィラメントが存在しない状態で行われ、かねてより私の研究に関心を示してきた筋研究の巨人、アンドリュー・ハクスレー氏は、アクチンフィラメントが存在しない状態でのミオシン頭部の運動は、ミオシン頭部のパワーストロークではなく、パワーストロークを打ち終わったミオシン頭部がもとの位置に戻る際のリカバリーストロークではあるまいか、と意見を述べられた。

私どもはこの点を明らかにするため、苦労の末、紡錘形のフィラメントの中央部でのATPによって起こるミオシン頭部の運動記録に成功した。ミオシンフィラメントができるとき、ミオシン分子はフィラメント中央部から見て左右対称に配列する。この結果、ミオシンフィラメント中央部には、ミオシン頭部の突出していない部分ができる。この部分をベア・ゾーンという（図9・3）。つまりミオシン頭部の極性はこのベアゾーンの両側で逆転している。

私どもは、このベアゾーンの両側で、ATPに対するミオシン頭部の運動が、ベアゾーンから遠ざかる方向に起こることを発見したのである。我々はさらに、ミオシン頭部に与えた

図9·3　(A) ミオシン分子の構造、(B) ミオシン分子によるミオシンフィラメントの形成

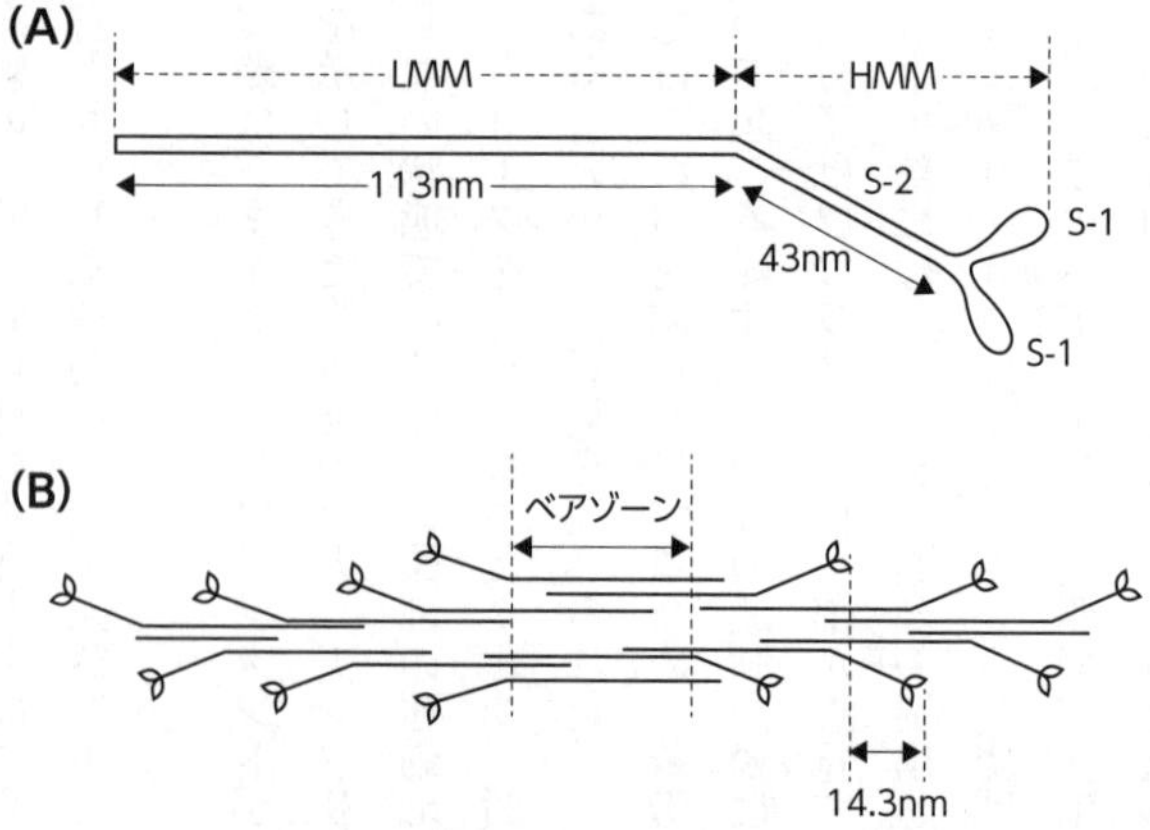

ＡＴＰが分解し尽くすと、ミオシン頭部は再び動いてもとの位置に戻ることを明らかにした。もう一人の筋研究の巨人、ヒュー・ハクスレーは、我々の得た結果を激賞し、我々は彼の紹介により『米国学士院紀要（ＰＮＡＳ）』に論文を発表した。

私はこの研究を、また新聞の科学欄でも紹介してほしいと思い、今度は『読売新聞』に電話した。その後、同社の科学記事を担当している長谷川聖治氏が私の家に来訪され、私の研究の紹介記事が掲載された（図9・4）。その後、私は長谷川氏と親しくなり、ときどき食事をともにするようになった。

すでに以前から、我が国の生命科学分野の

図9・4 『読売新聞』の紹介記事（2009年1月11日）

2009年(平成21年)1月11日(日曜日) 讀賣

サイエンス■学び

筋収縮時の線維の動き

帝京大名誉教授 世界初の撮影

ミオシンの電子顕微鏡画像。色の濃い粒子がミオシンの先端で、その動きを観察できる（杉さん提供）

筋肉が収縮する瞬、筋線維が動く詳細な様子を、電子顕微鏡を使って撮影することに、杉晴夫・帝京大名誉教授が、電子機器メーカー「日本電子」の協力で世界で初めて成功した。米科学アカデミー紀要で報告した。

筋線維のたんぱく質「ミオシン」先端部が、別のたんぱく質（アクチン）を引き込み、収縮が起きていることが確認できた。

筋肉は太いミオシンの線維（ミオシンフィラメント）と細いアクチンの線維（アクチンフィラメント）が交互に入り込む構造をしている。筋収縮は、運動エネルギーとなるATP（アデノシン三リン酸）を取り込んだミオシン線維が、アクチン線維を引き込んで起こるとされる。これが定説の「滑り説」だが、実際に確認したことはなかった。

杉さんらは、ミオシンの先端にある、オタマジャクシのような二つの頭がアクチンの引き込みに関与していると考えた。ウサギの骨格筋から作ったミオシンフィラメントの先端部に、目印となる金粒子を付着した後、湿った状態を維持できる電子顕微鏡で撮影を試みた。

ATPを加えない場合、変化はなかったが、加えると、頭部は平均5～7・5ナノ・メートル（ナノは10億分の1）動くことを確認した。ATPが消費されると、頭部は元に戻っていた。

杉さんは「ミオシン先端部の運動の幅は大変小さい、細い線維のアクチンによらず運動することなど多くの成果を得られた」と話している。

▼筋肉の動く仕組み

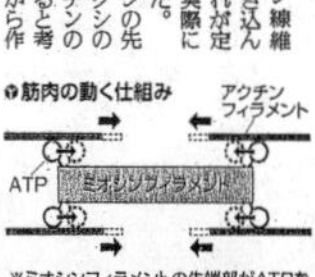

※ミオシンフィラメントの先端部がATPを取り込んで◌（点線）に動き、アクチンフィラメントを引き込んで筋肉が力を発揮する

うな記事では必ず、「将来この研究が成功すれば、難病の治療に役立つであろう」というような言葉で結ばれていた。

あるとき、私は長谷川氏に、「もう十年くらい前から、『将来役に立つだろう』との記事が華々しく新聞の紙面を飾り続けていますが、一向に役に立ったという話を聞きませんね」と言うと、長谷川氏も「本当にそうですね」と同意された。そしてこのときからまた十年が経ったが、この事態は変わらないようである。

この間、山中伸弥氏がｉＰＳ細胞の作成に成功され、ノーベル医学生理学賞を授与された。これに喜んだ文部科学省は、さっそくｉＰＳ細胞研究施設を設置し、巨額の研究費を支給した。しかしｉＰＳ細胞の疾患治療への応用は難航し、業を煮やした文部科学省は、元来、研究課題を自由に選べる「さきがけ」（ＪＳＴ戦略的創造研究推進事業）の研究制度を変更し、これをｉＰＳ細胞研究のみに限定し、何か新しいアイデアが現れるのを期待した。

しかし、こんな小手先の政策で事態は好転せず、ｉＰＳ細胞研究所は援助金の打ち切りを前に、経済的苦境にあるという。この事態も、文部科学省の定見のなさを表している。

このような定見のない右往左往ぶりの是正には、前述したような、英文の論文を読み込み、その価値を判断できる能力を持つ、当時の新聞社の科学欄の担当者のような人材が文部科学省に必要であろう。この点については本書の終わりの部分で私の意見を述べさせていただく。

九・三　突然低下した新聞科学欄記者の資質とその原因

さて私はさらに研究を続け、二〇一五年、私の多年の目標である、アクチンフィラメントの存在下に、ＡＴＰ加水分解と共役した、生きたミオシン頭部のパワーストロークの電子顕微鏡下の記録に成功した。残念なことにこの時点で、二人の巨人、アンドリュー・ハクスレー氏とヒュー・ハクスレー氏は、不朽の業績を残して亡くなられていた。

私はこの仕事を米国の『サイエンティフィック・リポーツ』誌に発表した。『読売新聞』の長谷川氏は、このとき科学部から別の部署に所属が変わっていたので、彼の口添えでまず同紙の科学部の副部長に電話し、私の研究の紹介を頼んだ。

するとこれまでのケースとは異なり、彼は私の希望の可否に言及せず、「科学欄の記事は若いX君に一任しておりますので、彼から連絡させます」と言い、電話を切った。

間もなくX氏から電話があり、彼は驚くべきことを言った。「あなたの研究は記事にする価値はないと判断しました。電顕（電子顕微鏡）で何か動いたなど、どこが面白いのです」。
私は呆れて電話を切り、この顛末を副部長に告げた。私はこの件はこれで忘れるつもりだった。

すると翌日、またX氏から電話があり、「副部長が、杉先生に失礼なことを言ったことをお詫びしなさい、と言われるので電話しましたが、いったい何のことですか」と言う。

私は即座に電話を切った。後でこのことを長谷川氏に話したところ、「そんなことを言う奴がいるのですか」と絶句した。私はX氏の逆恨みを避けるため、この件はほじくらないことにした。というのも、私が定年退職して以来、私の研究費申請は悉く却下され、新聞記事の効果がなかったからでもある。

この出来事については、私には少し思い当たることがあった。私は定年退職後、ある理学療法士、作業療法士の教育機関に勤務していた。学生たちはみな熱心で、私の講義に眼を輝かせて聞き、講義が終わると質問に集まってくるのであった。私はこのような学生たちと、時には連れだってレストランで食事をともにし、楽しく過ごしていた。

しかしこのようにして何年か経った二〇〇五年の新学期、最初の授業を始めて驚いた。これまでの新入生は、初めて聞く生理学の授業に緊張し静まり返っていたものだが、この年の新入生は、最初からだらけきっており、教室は私語でざわついている。

授業を始めると、さらに驚いた。何を話しても、「それがどうした――」としらけきっている。もちろん講義が終わっても質問に来る学生はいない。私の友人である国立大学で講義をしている者に尋ねると、みな学生の態度の急変に驚いている。

これが、あの悪名高い「ゆとり教育」を受けて高校を卒業してきた学生たちの出現であった。私は不愉快になり、その年から講義を止めてしまった。

ところで、私を呆れさせたあの科学部の若い記者は、推測される彼の年齢から考えると、正に「ゆとり教育」を受けていた世代に属すると思われる。この教育を受けた人々は、現在でも「ゆとり世代」と呼ばれ、我が国の社会の至る所で軋轢《あつれき》を起こし続けているのかもしれない。

ここで読者に「ゆとり教育」とは何か、を説明しておこう。

この教育制度は一九八〇年代、過重な中学高校の詰め込み教育に対する反省から、学校での授業時間を減らして余裕を持たせ、そして学生の創意・工夫の力を伸ばす教育を行おうとしたものであった。この制度は何回かの改訂があり、二〇〇二年度の改訂で最も徹底したものとなった。

この制度では、学生の自由討論の時間が多く設けられたという。そしてこの制度がその悪影響により廃止されるまで、じつに十年間、あらゆることに興味を持たない歪んだ性格の人々を送り出し続けたのであった。

もし、この制度を生かそうとするのであれば、教師の資質が優れていなければ、制度の成果を出すことは困難であろう。そしてこの教育の結果として、私が驚いたような、何を聞いても無感動な人間が、大学生として私の前に現れ、ついであの礼儀をわきまえない非常識な記者として、私の前に現れたのかもしれない。

この記者にとっては、しばしば科学欄に取り上げられる「投機的研究」のみが科学であり、電顕下に何かが動いたなどはゴミのように感じられたであろう。私がかつて親交を持った優れた能力の科学記者たちに比べて、何という資質の劣化であろう。

私はこの記事を、結局『科学新聞』に掲載した。この新聞は老年の経営者により編集が行われ、記者の劣化はなかった（図9・5）。

一般の人々に科学研究の現状を伝達すべき、科学記者の役目は非常に大切である。この科学記者の資質の驚くべき劣化は、これから記述する、我が国の生命科学の周回遅れの原因の

図9・5 『科学新聞』の紹介記事

第3種郵便物認可　（週　刊）　The Sc

生きた状態の筋肉 ミオシン頭部の動き

中央の電顕の左側に装着されているのがEC

パワーストロークを電顕下での 可視化と測定に成功

筋肉の収縮、つまり2種の筋フィラメント（アクチンとミオシンフィラメント）間の滑りは、ミオシンフィラメントのミオシン分子頭部がアクチンと結合して変形を起こすことで起こる。この変形はパワーストロークと呼ばれ、ATPのエネルギーに依存し、筋収縮の原動力で、エンジンのストロークに対応する。筋収縮機構解明の鍵となるミオシン頭部のパワーストロークの振幅測定は様々な方法で試みられてきたが、いずれも間接的に推定された値（4～10ナノメートル）にすぎなかった。

杉晴夫・帝京大名誉教授らの研究グループは、水蒸気を循環させ生物試料を〝生きた〟状態に保つガス雰囲気試料室（EC：日本電子製）を取り付けた電子顕微鏡を使用し、ウサギ骨格筋の筋フィラメントの観察・記録に成功した。

成功のポイントとなったECシステムの内部は、日大の深見章教授が開発した炭素絶縁薄膜により電顕内の高真空から絶縁される。ミオシンフィラメントのミオシン頭部は、抗体を介して金粒子（直径20ナノメートル）を付着させ、ミオシン頭部位置を標識する。EC内のATP溶液を含むガラス微小電極に電流を流すとATPは電極の外に出て拡散してミオシン頭部に達する。試料像は倍率1万倍で、高感度のイメージングプレートで記録する。

アクチンとミオシンフィラメント混合液中では、ATPがない時、ミオシン頭部はアクチンと硬直結合する。ATPがミオシン頭部と結合すると、ATPが分解され、パワーストロークが起きる。ミオシン頭部に達するAPT分子の数はミオシン頭部の数よりはるかに少ないので、パワーストロークを打ち終わったミオシン頭部は、次のATP分子がやって来るまで何秒かその状態にとどまる。

このため同一のミオシンフィラメント像を、ATP投与前、投与中、及びATPが加水分解され尽くした後の3回記録することにより、ミオシン頭部が可逆的に動くことが分かり、これまで誰もなし得なかったミオシン頭部のパワーストロークの可視化とその振幅の測定に成功した。

ミオシン頭部のパワーストロークの振幅は、筋フィラメント間の滑りを起こさない等尺性条件下では、ミオシン頭部先端で約3ナノメートル、基部で約2・5ナノメートルだった。またミオシン頭部で発生する力が約2倍に増大することが報告されている低イオン強度下では、パワーストロークの振幅がミオシン頭部の先端部、基部とも4ナノメートル以上に増大した。

杉氏は「ECシステムを用いた実験は、生命科学分野のブレークスルーであるばかりでなく、ECで無機物質の水中での反応を研究している材料科学分野の研究者からも『先駆的研究』と高く評価されつつある」と語っている。

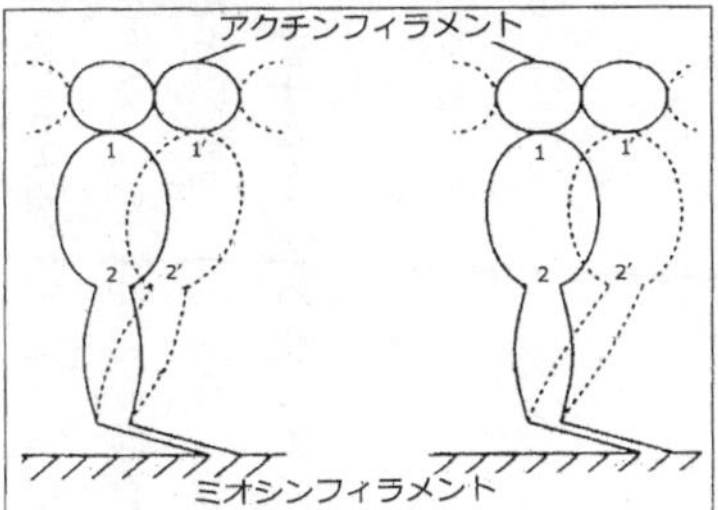

ミオシン頭部の等尺性条件下でのパワーストロークの模式図（㊧標準イオン強度、㊨低イオン強度。実線と破線はそれぞれパワーストローク前と後のミオシン頭部。番号1、2は2種類の抗体のミオシン頭部への結合部位）

一つに数えられよう。この惨状は、「ゆとり世代」が社会から引退するときが来れば、旧に復していくのであろうか。その日が早く来ることを願わずにはいられない。

なお、この現在に至るまで我が国に禍痕《かこん》を与えているゆとり教育は、もともと文部科学省の中の一つの課の課長補佐の思いつきだったという。このような教育制度の思い切った改変が、その（悪）効果を検討されることなく、ますます極端化していったことは残念である。

第十章　我が国の新型コロナウイルスワクチン作成の「周回遅れ」の原因

本書の第三章で言及したように、世界第三位の経済大国である我が国が、自力で新型コロナウイルス感染症に対するワクチンを製造できず、その結果、変異株の出現でますます猖獗を極める新型コロナウイルス疾患により、現在も緊急事態宣言とその期間をめぐって堂々めぐりの議論が続けられている。我が国で近い将来、ワクチンを製造・販売できる目途は全く立たず、ひたすら国外からのワクチン導入に頼るのみである。このための費用の総額は一兆円にも達するといわれる。

感染症対策は、生命科学の重要な応用分野である。したがって本章では、もっぱら厚労省のたび重なる失政により「周回遅れ」となった、我が国の感染症対策の惨状について考えることにする。

二〇二一年四月下旬の『毎日新聞』に「国産ワクチン、新たな壁」と題する長文の記事が掲載された。この記事によると、遅まきながらワクチン製造を始めた我が国の製薬会社に立ちはだかる壁は、ワクチンの認可・販売に不可欠な第三相治験の実施に必要な、数万人規模の治験者をいかにして集めるかにあるという。

そしてすでに欧米の多くの製薬会社が、世界各国からそれぞれ数万人の治験者を集めて第三相治験を実行した現在、我が国の製薬会社が数万人単位の治験者を集めることは困難である、という。

本書では、ここまでの執筆内容から少し外れるが、特に一章を設けてこの問題を論議する。

結論としては、

（一）北里柴三郎の伝染病研究所からの追放により、我が国の伝染病研究の芽を摘み取ったこと。

（二）我が国の政府の不明により、厚生省（現在の厚生労働省）が感染症の研究のための研究費の支給を全く行わなかったこと。

（三）将来の感染症の流行に備えて、第三相治験に必要な人々の確保を全く行わなかったこと。

などの「不作為」が、我が国のワクチン製造、供給の「周回遅れ」の主要な原因であろう。

十・一　ジェンナーによる免疫現象の発見と、その倫理的側面

我々の身体には、病原体の侵入により発病することを防ぐ防御機能が備わっており、このしくみを免疫という。

天然痘は、天然痘ウイルスによる恐ろしい病気で、死亡率が高く、運よく治癒しても身体に瘢痕《はんこん》が残る。古代エジプトの王も天然痘で死亡した者が知られている。

しかし、近代医学の成立よりはるか以前から、天然痘に一度罹《かか》れば、二度と罹らないことが知られていた。つまり天然痘が運よく治った人々の体内には、天然痘ウイルスに対する抵抗力ができるのである。これが免疫にほかならない。

そしてインドでは古代から、天然痘患者から採取した膿《うみ》を乾燥させ、これを健康な人々に接種して軽度の発症を起こさせ、天然痘に対する免疫を獲得させる予防法が行われていた。

この方法は十八世紀初めに欧米に伝えられ、天然痘の予防に使用された。しかしこの方法で患者の膿の接種を受けた者の約二パーセントは天然痘を発症して死亡し、安全性に問題があった。

十八世紀末、英国の田舎の開業医、エドワード・ジェンナー（図10・1）は、農家で牛の乳しぼりを行う農夫は天然痘に罹らない、という事実に着目した。牛の天然痘である牛痘に人が感染し発病しても、症状は軽く瘢痕も残らない。彼は農夫の子どもに牛痘を接種し、この子どもが天然痘患者の膿を接種されても、天然痘を発症しないこと、つまり天然痘に対する免疫力を獲得したことを確かめた。

こうして人類は、牛痘接種による天然痘予防手段を手にいれたのである。

この歴史的成果をジェンナーは論文として英国王立協会に提出したが、全く無視された。彼が一介の田舎の開業医に過ぎなかったからであろう。彼はやむなく、この成果を書物として出版し、英国を除く欧米諸国はこの書物を直ちに自国語に翻訳し、ジェンナーの創始した「牛痘法」は急速に広まっていった。

図10・1　エドワード・ジェンナー

なお後年、功成り名遂げたジェンナーは、ロンドンの医科大学から教授として招かれたが、一部の人々は彼の教授としての資格を確

かめるため学力試験を行う、と主張した。結局ジェンナーは教授就任を断った。このような「成り上がり者に対する嫌がらせ」は、我が国のみならず、どこの国にも存在するようである。

ジェンナーに関する今一つの問題は、彼が「牛痘接種」と、これに続く「天然痘接種」を、他人の子どもに対して行ったことである。これは他人の子どもの生命を危険にさらす行為であった。

このため、我が国で流布した「偉人伝」では、ジェンナーは自分の息子の生命を賭けてまで「牛痘法」を確立した偉人であると記されていた。私も少年時代これを読んで感動した。しかし事実は全く違ったのである。少なくとも当時の欧米諸国の「階級制度」のもとでは、ジェンナーの行為の倫理的な側面は取り立てて問題にされなかったのであろう。

これに反して我が国では、江戸時代に世界に先駆けて人体の全身麻酔に成功した華岡青《はなおかせい》洲《しゅう》は、彼の妻に対して全身麻酔を試みたのであった。そして彼女は、このために失明した。この経緯は現在も美談として称えられている。したがって我が国では、ジェンナーが他人の子どもに行った行為は、人々に受け入れられないであろう。

私の私見では、この我が国と欧米諸国との間の倫理観の差異が、本章に後で論議する「大規模二重盲検テスト」の我が国での不成功の原因をなしているように思われる。なぜなら、倫理的に考えれば、危険が少ないとはいえ、健常人を実験動物として扱うこのテストは、我が国の担当医師にとっても釈然とせず不愉快なものだからではあるまいか。

十・二　ワクチン接種による、病原体に対する生体の免疫反応

ジェンナーの牛痘の接種から約百年後、ドイツのロベルト・コッホとフランスのルイ・パスツールによって、病原体に対するワクチンの製造法が確立した。ワクチンには以下の種類がある。

（一）生ワクチン：生きた病原体（細菌、ウイルス）の毒性をなるべく低下させたもので、これを接種されるとかなりの頻度で疾患の症状が出ることがある。

（二）不活化ワクチン：予め培養した病原体の毒性を消失させたもので、生ワクチンより安全性は高いが、免疫効果は生ワクチンより低いので、複数回の接種が必要である。

（三）トキソイド：病原体の毒素を取り出して無毒化したもので、やはり複数回の接種が

必要である。

（四）ｍＲＮＡワクチン：病原体の機能的部分（新型コロナウイルスの場合、その表面にある棘《とげ》＝スパイン）を合成するメッセンジャーＲＮＡ（ｍＲＮＡ）に対する抗体を接種する方法で、最近開発された。新型コロナウイルスはそのスパインに抗体が結合し排除される。この方法は病原体そのものを使用しないので、極めて安全な方法であろう。

ある病原体（新型コロナウイルスなど）から作られたワクチンを体内に接種すると、以下の過程により体内に、病原体に対する抗体が作られる。

（一）リンパ球（白血球の一種）がワクチンを感知し、これを身体に有害な「異物」と認識すると、抗体を産生する（図10・２Ａ）。

（二）抗体分子はＹ字形をしており、二本の重鎖と二本の軽鎖からなる（図10・３）。

（三）この抗体分子の二つの先端部が、病原体（抗原）と結合する部位である。この部位と抗原とは、鍵と鍵穴の関係があり、ある抗体は、リンパ球が異物と認識した抗原

図10・2　ワクチン接種による体内の反応

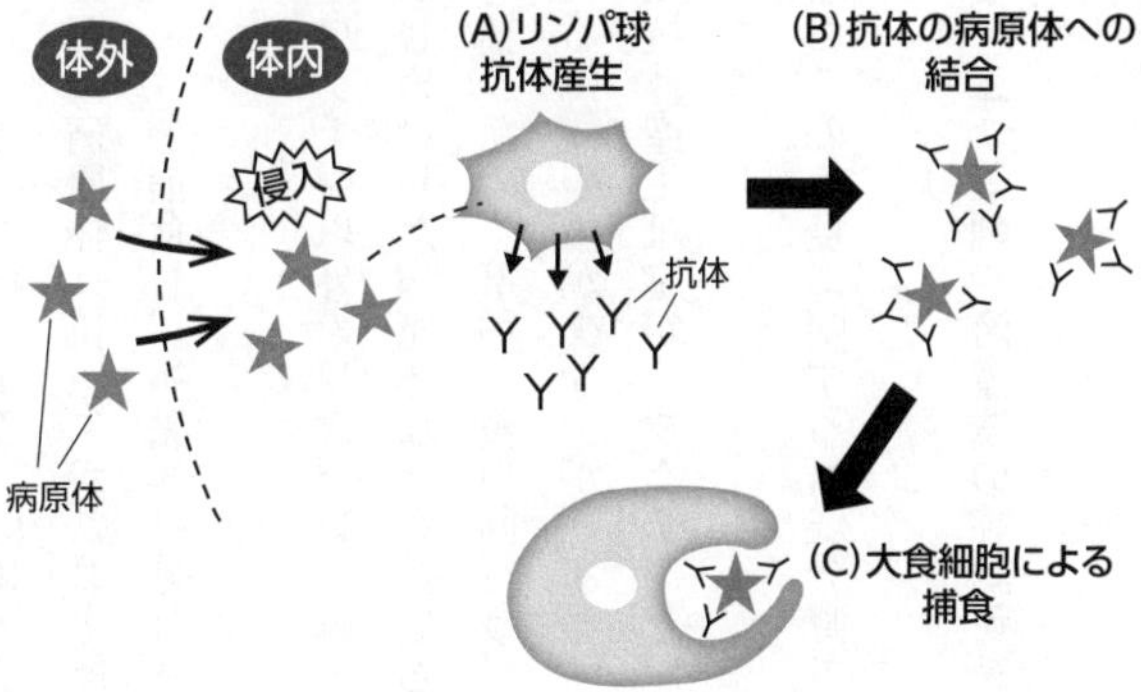

図10・3　抗体分子の構造

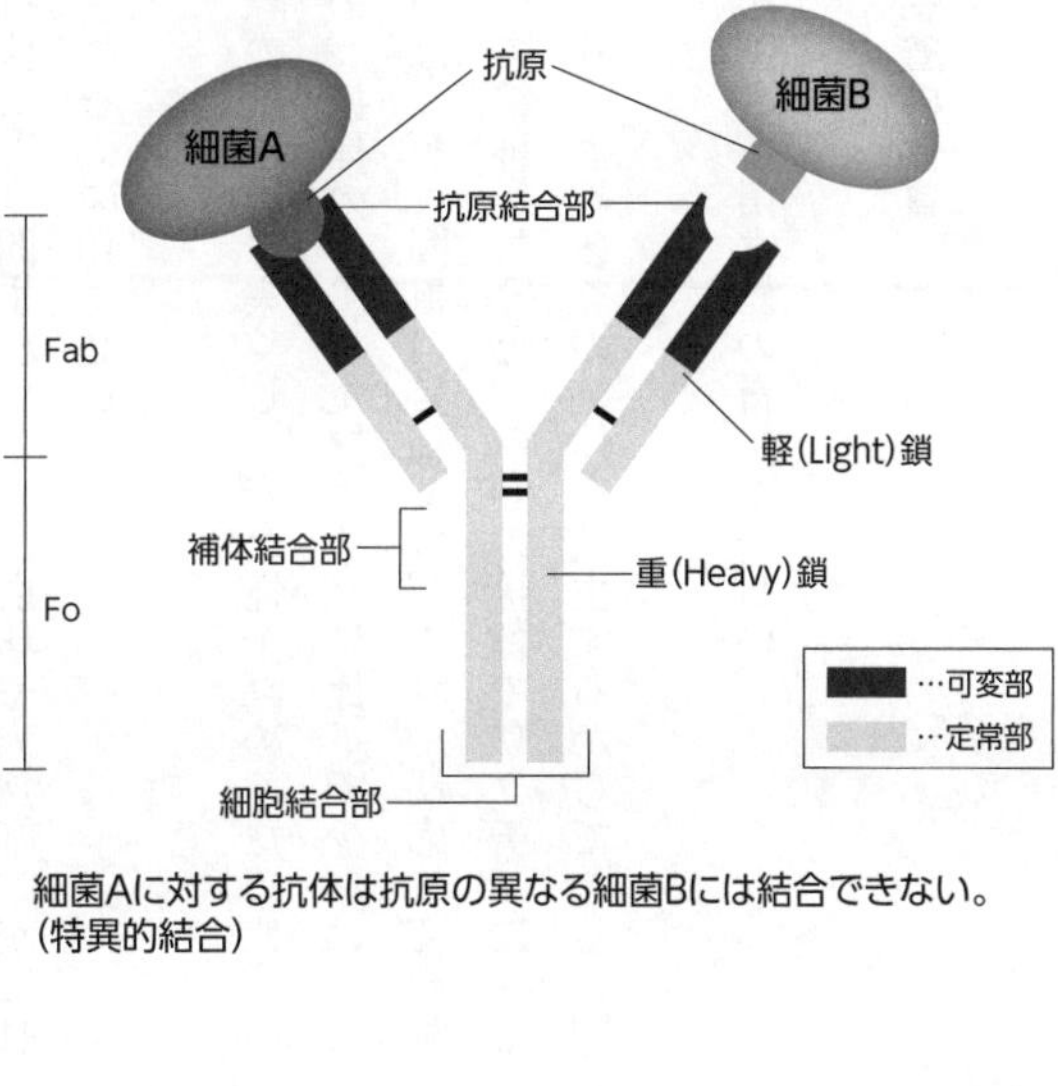

細菌Aに対する抗体は抗原の異なる細菌Bには結合できない。
(特異的結合)

とのみ結合する（図10・2B）。

（四）病原体（抗原）がこれと結合した抗体に取り囲まれると、白血球や大食細胞がこれを捕食し、病原体は分解され排除される（図10・2C）。

生ワクチン以外のワクチンでは、接種の際の副作用を失くし、安全性を高めるために、あらかじめ殺した病原体などを抗原とするため、抗体の産生が生ワクチンに比べて少ない。これを補うため、接種を複数回行う。この理由は、第一回目の接種では、これに反応して産生される抗体の量が少ないが、ある時間を置いて接種を行うと、前回の接種でワクチンに反応した抗体産生細胞が、ワクチンを記憶しており、より多くの抗体を産生するからである（図10・4）。

なおこの免疫に関する研究分野では、我が国の多田富雄の貢献が著しい。

十・三　薬剤や治療法の許認可を行う厚生省の体質

我が国の厚生省（現在の厚生労働省）は、民間の製薬会社やベンチャー企業に対する助成

図10・4　ワクチン接種と抗体量の変化

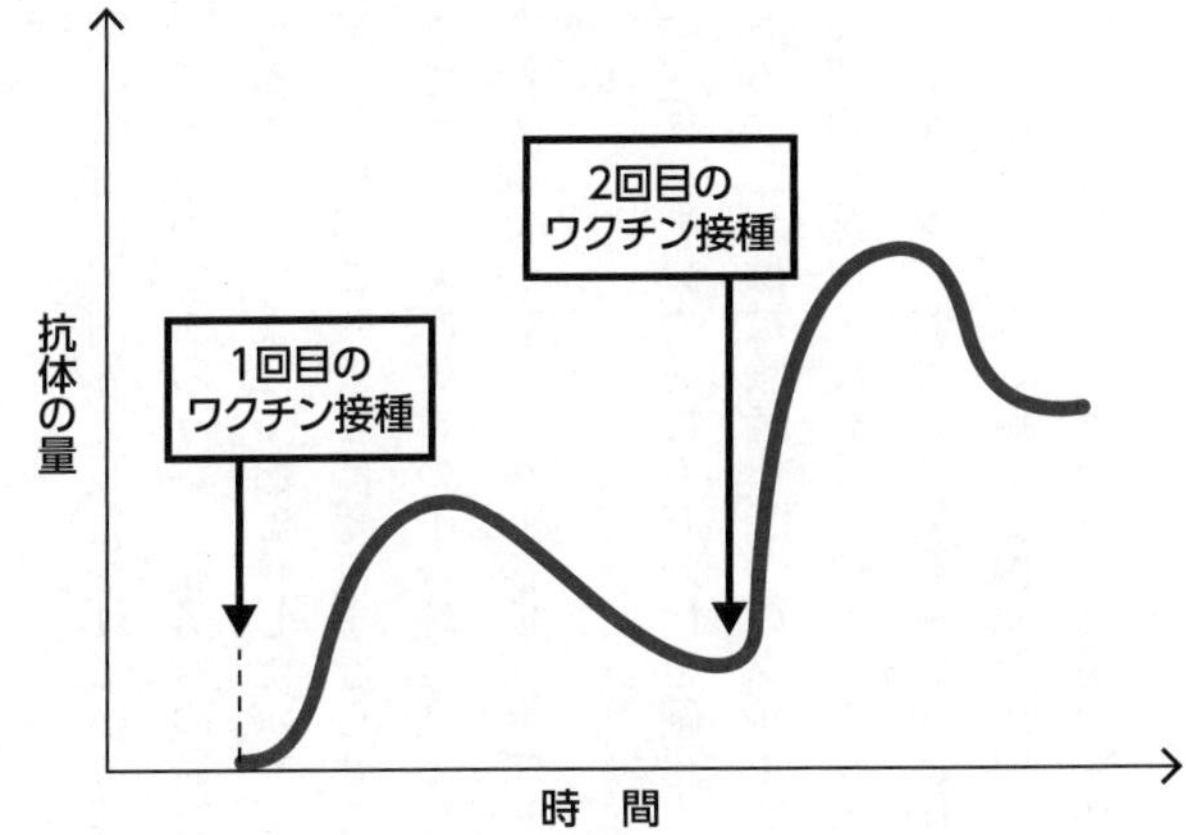

を行わず、新しく開発された薬剤、あるいは治療法などの許認可のみを行っている。これは、他の省庁、たとえば経済産業省が、我が国の企業の創造力と国際競争力を高めるため資金援助を行っているのに比べ、対照的であり、奇異でさえある。

　私を含め、本書の読者の方々も、国外で薬効著しい薬が開発、市販されても、我が国の厚労省が容易にこれを認可せず、多くの場合約一年後にやっと認可されることに焦燥感を覚えられた記憶がおありであろう。このような事例に対する厚労省の言い分は、「我が国の国民と欧米人とは体質が異なり、欧米で使用されている薬剤の販売を我が国で直ちに許せば、副作用が出る可能性がある」というものである。

では厚労省は、国外で販売されている薬を、実際に多数の被験者に投与し、副作用の有無を調べているのであろうか。厚労省の研究機関である国立感染症研究所では、そのような業務は行っていないようである。したがって、悪く勘ぐれば厚労省は、自らの存在あるいは権威を示すため、このように認可を遅らせているとも考えられる。

ここでは、この厚労省の不合理、理不尽な対応により、経済的困難にあえいでいる我が国の鍼灸師の例について、少し説明させていただきたい。


まず、ワクチンや薬物の有効性を確認するには、最終段階として二重盲検法を実施する必要がある。これは被験者を二つのグループに分け、一方のグループには本当のワクチン、あるいは薬物を接種・投与し、他方のグループには無害、無益の「偽薬」を接種・投与し、これらのグループにおける効果を統計的に比較するものである。

この方法は、無害、無益な偽薬を接種・投与されていたとしても、心理的な安心感から偽薬の効果が現れる「プラセボ」効果を除外するため考案された。

さて、我が国で長い伝統を持つ「鍼灸」分野に対する欧州各国の研究者の関心は、昔から高く、フランスでは心電図に及ぼす鍼灸効果などが研究されていた。これに対し、第二次世界大戦終了後、我が国に駐留した米軍は、鍼灸治療は無意味であるとしてこれを廃止させようとし、我が国の生理学者たちの懸命な説得でこれを撤回させた。

この出来事とは対照的に、第二次世界大戦終了後、鍼灸はドイツをはじめとする欧米各国で急激に流行するようになり、現在も広く行われている。特に欧米で鍼灸を扱う医師たちは、国際的に協調し、数カ国にまたがる数千人規模の、膝《ひざ》の疾患に対する鍼灸治療を、健康保険の対象とすることに成功した。

そもそも、皮膚に鍼を刺入する行為は、二重盲検法とはなじまない。しかし欧米の医師たちは、医師にも被験者にも鍼を刺入した、あるいは刺入されたと感じられるような巧妙な鍼刺し入れ装置を考案し、数千人規模の二重盲検テストの実施に成功したのである。

これとは対照的に、我が国の厚労省は、いまだに頑として鍼灸を健康保険の対象とすることを認めず、このため我が国の鍼灸師の多くは経済的に苦しんでいる。

厚労省の言い分は、「健康保険を適用してほしいなら、欧米のような大規模の二重盲検テストを行え」の一点張りのようである。

我が国では、この二重盲検法の被験者が三十人を超えたことがなく、もっと多人数で実施を計画しても、途中で計画が空中分解してしまうという。つまりこの方法は、我が国の人々にとって倫理的に抵抗があるように思われる。ジェンナーが牛痘接種の際、他人の子どもを生命の危険にさらした行為を嫌い、これを自分の子どもであったとして美談に作り替えた我が国の倫理観では、二重盲検法を行う医師は、自分を信頼する被験者を実験動物のように扱っているように感じ、抵抗を覚えるのであろう。

我が国ではこのような理由で、鍼灸効果の二重盲検テスト実施が不可能なため、鍼灸師たちは約十年前、欧米の鍼灸研究者を招待して大規模な学術会議を開催するとともに、欧米での鍼灸効果に関する大規模二重盲検テストの報告書を翻訳して広く配布し、我が国でも欧米諸国と同様に、鍼灸が健康保険の対象となるよう訴えた。

しかし厚労省はこの訴えを拒否し、現在に至っている。

十・四　「モルヒネ様物質」を産生する巨大神経細胞

モルヒネは、十九世紀初めに植物から分離、抽出され、その強力な鎮痛効果から、外科手術時の患者の麻酔、身体の種々の部位の激痛の緩和などに広く用いられている。

神経生理学の黄金時代が続いていた一九七〇年代、実験動物の脳内に、このモルヒネと同様の鎮痛効果のある物質と、この物質と結合する受容体という化合物が、いくつか発見された。この結果は、

（一）中枢神経内には「モルヒネ様物質」を産生する神経細胞（ニューロン）がある。この物質は何種類かあるが、まとめて「オピオイド」という。
（二）末梢神経からの活動電位（インパルス）が、この「オピオイド」産生ニューロンに到達すると、このニューロンから「オピオイド」が放出され、脳内に広がる（図10・5A）。
（三）生体が感ずる痛みは、生体末梢の痛み受容器で感知され、脳に達して痛みの感覚を引き起こすので、オピオイドの脳内放出は鎮痛効果をもたらす。
（四）さらにこのオピオイドを産生するニューロンは、神経線維（軸索）を脳に送っているとともに、脊髄中を身体の末梢へも送っており、末梢の感覚神経のシナプスにも連絡している（図10・5B）。したがって、このシナプスで放出されるオピオイド

図10･5　(A) 脳幹部の電気刺激による脳内モルヒネ様物質（オピオイド）放出、(B) 下行性抑制のニューロン経路

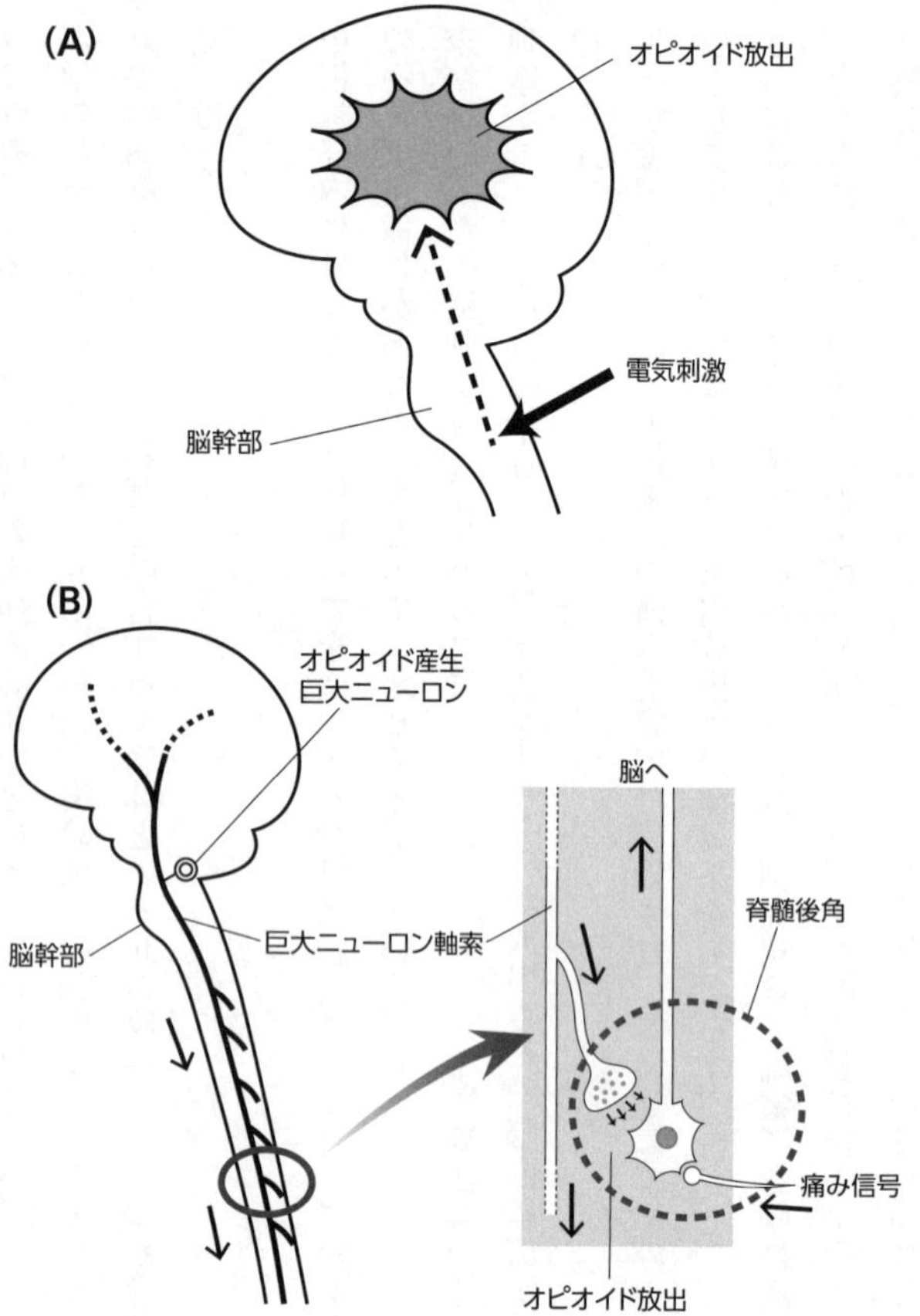

は末梢神経でも鎮痛効果を示すのである。

つまり生体は、自らの中枢神経内に鎮痛効果のある麻酔物資を産生し蓄えているのである。

したがって、鍼灸により身体の局部を「温熱刺激」すれば、以下の反応が起こる。

（一）鍼灸による局所温熱刺激が、受容器により感知される。この受容器は、種々の刺激に反応するので、ポリモーダル（多くの様式の）受容器と呼ばれる。

（二）このポリモーダル受容器で発生するインパルス（活動電位）が脳幹部へ伝わり、

（三）脳幹部のオピオイド産生ニューロンからオピオイド放出が起こり、それが脳内へ広がる。

（四）オピオイド産生ニューロンの軸索に沿って、インパルスが温熱刺激部へ伝わり、軸索末端（シナプス）からオピオイドが放出される。

（五）この結果、脳内でも温熱刺激部でもオピオイドが放出され、温熱刺激部位周辺の痛みが軽減または消失する。

なお、上記の生体内のオピオイド放出のしくみは、すでに確立した科学的事実である。

そして実際に、鍼灸の鎮痛効果は、古代中国ですでに認められてきたからこそ、現在に至る千年を超える長期間、各国で使用されてきたのである。

第二次世界大戦後、鍼灸が二重盲検テストの難関を経て、急速に西欧諸国で流行したのは、鍼灸効果がすでに大自然の摂理として国際的に認められているからなのである。もはや、人種間の体質の差異などを考慮する余地など全くない。

したがって、我が国の厚労省がいまだに欧米人と日本人との体質の差異にこだわり、「我が国でも大規模二重盲検テストを行わなければ、鍼灸を健康保険の対象にすることはできない」との態度を変えないのは、すでに解明された大自然の摂理を無視しており、国際的に見て「滑稽」である。そもそも鍼灸は、数千年も前から中国で盛んに行われた結果、これに興味を持った欧米人によって欧米に伝えられ隆盛しているのであり、外国で開発された新薬とは全く異なる。厚労省のこの歴史を無視した横暴には驚くしかない。

そして厚労省のこのような理不尽な体質は、次に説明する「我が国のワクチン対策の惨状」に繋がってゆくのである。

十・五　我が国のワクチン対策の国際的「周回遅れ」の原因

すでに述べたように、我が国の厚労省はもっぱら医薬、治療法などの許認可を行い、我が国の国民の健康の増進のための、民間製薬会社、民間研究機関などでの研究に対する定常的な援助を行うことを怠ってきた。また、新興の感染症が我が国に波及した際に、国民の健康ばかりか社会活動を破壊する危険性に対して備えることも怠ってきた。

我が国の衆参議員の選挙が小選挙区制になってから、政治家が選挙民の票を集めるには、目先の事柄を取り上げて訴えなければならなくなり、この結果「大所高所」からの意見を述べる政治家が激減した。いつ起こるかわからない感染症の我が国への襲来などを訴えても、票には結びつかない。

本来であれば、我が国の政府こそ、将来の感染症の流行に備えておく責任があったのである。現に新型コロナウイルス感染症以前にも、何度か感染症が我が国に襲来する危機があったが、幸い我が国の被害は軽微であった。しかし、それだから一層、来るべき感染症の我が国への侵入に対する備えを周到に行う必要があった。

しかし厚労省はまたしても何もしなかったのである。この度《ど》し難《がた》い体質は、昔、北里柴三郎を伝染病研究所から追放する東京帝国大学教授たちの暴挙に唯々諾々と従った、当時の厚生省の無定見の帰結であった。こうして我が国は、ワクチン製造に関して、世界周知の「周回遅れの国」となったのである。

ここで、ワクチンの製造から認可を経て販売に至る過程をまとめてみよう。製薬会社がワクチンを製造し、認可、販売までこぎつけるには、以下の第一相から第三相までの試験をパスする必要がある。

（一）第一相試験：人体に対してはじめてワクチンを接種する段階で、ワクチンの消化管からの吸収、体内への分布と反応、体外への排出の諸過程を調べるとともに、その副作用の有無（安全性）を検討する。被験者は、このテストの目的を理解した健常人が選ばれる。

（二）第二相試験：これは症状が比較的軽い感染患者を対象として行うテストで、患者にはワクチン接種の目的を知らせない。プラセボ効果を除外するためである。このテストで、最も安全で効果の大きいワクチンの接種法を決定する。

（三）第三相試験：第二相試験で決定した方法に従って、ワクチン接種を行う。この際、被験者を無作為に二つのグループに分け、一方のグループには真のワクチンを、他方のグループには偽のワクチンを接種する。この第三相試験には、一万から三万人の被験者が必要とされる。そして、これら二つのグループ間でのワクチンの疾病に対する予防・治癒効果に統計的な有意差があれば、そのワクチンの製造・販売が認可されるのである。

さて言うまでもなく、数万人のオーダーの被験者を必要とする第三相テストは、予め準備がなされ、十分な数の被験者が確保されていなければ、実施は困難である。

この点について、一時テレビや雑誌などで奇妙な説明がなされていた。「我が国は小さな島国で、人口も少ないので、とても数万人のオーダーの被験者を揃えることはできない。したがって国産のワクチンは作れない」というものである。

しかし人口が我が国の半分もいない英国や、さらにはるかに人口の少ないベルギーなどでも、とうにワクチンが製造販売されているではないか。説明になっていない。

ついに本年（二〇二一年、執筆時）四月下旬の『毎日新聞』に、我が国のワクチン対策が「周回遅れ」であると断じる記事が掲載された。またGoogleにも同様の記事があり、厚労省のワクチン準備に関する「不作為」が明らかになった。

余談であるが、私は一九六〇年代の半ば頃、米国の国立衛生研究所（National Institutes of Health：ＮＩＨ）に研究員として勤務していたことがある。当時から米国の健康保険は不備で、低所得者は高額な健康保険に加入困難で、もし病気に罹れば、高額な診療費を支払う必要があり、よほどのことがなければ病院には足を運ばない。

しかし私がＮＩＨの大病院の待合室を通ると、いつも大勢の患者で混み合っている。不思議に思って同僚に尋ねると、「あの人たちは診療費を免除されていますが、その代わり、もしワクチンや薬物の第三相テストが必要になると、被験者として参加する約束になっているようですよ」とのことであった。どうやら米国では、このようにして感染症の蔓延に備えているようであった。歴史的にペストなどによる大災害を経験した欧州諸国では、米国と同様の契約を、旧植民地やこれ以外の世界各国と結んでいるに違いない。

このような感染症の蔓延に対する、ワクチンの製造販売に不可欠な第三相テスト参加要員の手配は、欧米諸国では常時行っているに違いない。本国の人口が少なくても、英国やベルギーには広大な旧植民地がある。いずれにせよ、この問題には「ギブ・アンド・テイク」の要素が深く関わっているのであろうが、長年「不作為」の怠慢を重ねてきた我が国の厚労省は何の知識も持ち合わせず、今さら欧米諸国にノウハウを尋ねても教えてくれるような事柄ではないだろう。

こうして我が国は、国外からワクチンを購入するため、約一兆円の支出を必要とするといわれる。何と高くついた不作為のつけだろう。

先述の『毎日新聞』の記事では、厚労省の許認可の遅れについても非難している。すでに各国でいろいろなワクチンが製造・販売されていたにもかかわらず、厚労省は相変わらずまだ一社のワクチンしか認可していなかったからだ。一部の政治家はこれに気付かず、「複数の種類のワクチンが近く輸入され、我が国の国民は好みのワクチンを好みの場所で接種できますよ」などと言明し、河野ワクチン担当大臣（当時）が慌てて、「我が国では、まだ一種類のワクチンしか認可されておりません」と訂正する始末である。いかに厚労省の認可までの時間が、常識外れに長いかがわかるであろう。

二〇二一年六月号の『文藝春秋』の記事によれば、すでに三万人規模の第三相試験を経て米国で認可されたワクチンに対する厚労省の認可の遅れは、同省がこのワクチンの日本人に対する安全性を、わずか二百人規模の被験者でテストし、確認していたためであった。米国の第三相試験には多くの日本人が含まれているはずであり、また三万人規模のテストに対しわずか二百人規模のテストを繰り返すなど、無意味を通り越して滑稽である。

しかし厚労省の本章で述べた悪慣行は、いずれ政府により是正されるであろう。その日が一日でも早く来ることを願わずにはいられない。

第十一章　国立大学の独立行政法人化の強行とその結果

先の章では、私の立ち位置を明らかにするため、私自身の研究室で行われた筋収縮を引き起こすミオシン分子頭部の運動の電子顕微鏡下の可視化と測定に関する研究について述べさせていただいた。私自身が執念を持って取り組んだ研究であるため、筆が走るのを止められなかったことを、読者にお詫びしたい。

さて本書も、いよいよ我が国の生命科学の「周回遅れ」の直接の元凶である、国立大学の独立行政法人化の記述に辿り着いた。この計画は、国立大学における研究資金の効率化がその動機であるとされるが、学問とは文科系も理科系も、文明社会における「文化」なのであって、研究の効率などという考えの入るべきものではないだろう。

本書のはじめに述べたように、明治維新を成功させた人々は、欧米諸国と結ばせられた「不平等条約」を対等な条約に変えるためには、欧米諸国にならって、医学や工学などの実学ばかりでなく、哲学、文学などの非実用的学問も我が国に移植することが必要であることをよくわきまえていた。

しかし我が国が欧米の学問の移植に成功し、第二次大戦の惨禍からの復興を果たすと、徐々に学問の世界に営利会社の経営の考え方が浸透してきた。つまり、営利会社でいえば、業績を出して会社に利益をもたらす部門は優遇し、そうでない部門は冷遇する方針である。

しかし、このような方針を貫けば、我が国の学問のバランスは崩れ、国家の品位は低下してゆくだろう。

さらに悪いことには、これまで本書で記してきたように、我が国の「有力教授」たちの、あまりにも身勝手な、いわば裏口からの、一門の弟子たちへの巨額の研究費の獲得、配分がある。その上、我が国の政府の無定見による「営利会社の経営方針」が研究行政に取り入れられれば、我が国の学問、特に生命科学部門が荒廃してゆくことは十分予想された。

そして事実は、予想通りになってゆくのである。

十一・一　庇を貸して母屋を取られた文部省——科学技術庁の吸収合併

現在、我が国の生命科学を「周回遅れ」どころか「滅亡」の危機に追い込みつつある「国立大学の独立行政法人化」は、その原因を過去に辿ると、科学技術庁の文部省への吸収合併に行き着く。

これは、従来文部省とは独立した行政官庁であった科学技術庁が、不祥事を起こしたことに対する「懲罰的処置」により、当時の文部省に合併・吸収され、その結果、文部省は「文部科学省」に名称を変えたのであった。

ところがこの処置は裏目に出ることになる。文部省はこれまで本書で繰り返し述べてきたように、科学行政に関して無定見であり、有力教授の利己的な要求に唯々諾々と従ってきた。つまり当時の文部省には、独自の「意思」はなかったといえよう。

これに反して科学技術庁の人々は、科学立国という目標を持ち、これをいかに実現するかという目的意識を持っていた。そして彼らは、懲罰的処置により文部省に組み入れられると、これを逆に好機と捉え、徐々に文部科学省の内部で影響力を増大させていった。

どんな組織であっても、明確な意思を持つ者と、これを持たない者が一緒になれば、意思を持った者が主導権を握ることは自然の成り行きである。

こうして文部科学省は、もとの科学技術庁の人々の意思に引きずられていくことになった。つまり「庇《ひさし》を貸して母屋《おもや》を乗っ取られた」のである。

旧科学技術省の職員だった人々は、こうして文部科学省としての発言権を手中にすると、ついに二〇〇一年、文部科学省の所管する全国立大学の改革案を、政府の「経済財政諮問会議」に提出した。この改革案には、

（一）国立大学制度のスクラップ・アンド・ビルドによる活性化
（二）民間的発想による（大学への）経営手法の導入
（三）第三者の評価による経営原理の導入

などが強調されていた。

これは明らかに、旧科学技術省の人々が、民間の営利会社の経営原理を、元来営利とは直接関わりがない（はずの）国立大学の運営に持ち込み、「活性化」の名のもとに「営利会社化」しようとするものであり、そしてこの考えが、我が国の財政を握る財務省の内諾を得ていることを示唆していた。そしてこの我が国において、技術立国の美名のもとに、本来自由であるべき大学の学問が踏みにじられることが予想された。

このような計画が着々と進行しているとき、文部科学省の大臣を務めていた有馬《ありま》朗人《あきと》氏は、東京大学理学部物理学科出身の物理学者であったが、文部科学省の職員から国立大学の独立行政法人化に同意するか否かを問われ、「大学の各講座に交付されてきた『講座運営費』が減額されないなら、この案に同意する」と答えた。

この結果、しばらく後の二〇〇三年、ついに全国立大学の独立行政法人化が強行された。有馬氏は二〇二〇年に死去されたが、生前、「講座運営費が減額されない」との約束が反故《ほご》にされたことを後悔し、あの政策は失敗だった、と言明したが、「後の祭り」に過ぎなかった。彼が賛成しようとしまいと、この政策が強行されたには違いないが。

ところで、この政策の強行は国立大学存亡の危機をもたらす、と個人的に訴えた国立大学教授は多かったが、全教授が職を賭してこれに反対する動きはついに見られなかった。先にも述べたが、一橋大学では、全教授が「この政策を強行するなら、我々は辞職する」と文部科学省に申し入れたが、「お辞めになりたければ、どうぞ」と言われると、腰砕けになってしまったらしい。

十一・二　国立大学独立行政法人化に関する文化省のQ＆A

国立大学の独立行政法人化の時期が迫ってくると、当然ながら大学の職員や、大学に進学予定の若者などが、この制度が施行された結果について心配をするようになった。そしてある出版社から、いろいろな著名人に将来の国立大学がどう変わるかの予想を尋ね、彼らの感想を集めた本が『大学激動——転機の高等教育』（朝日文庫）という表題で出版された。

これを拾い読みすると、大方の予想は、概して「大学の状況は講座研究費が減額を免れれば、それほどひどいことにはならないだろう」とする楽天的なものであった。

次に当時の文科省が、国立大学の将来像に関する人々の懸念に応えて公表したQ＆A（質問と回答集）の概略を列記すると、以下のようである。

（Q1）なぜ国立大学を法人化するのですか。
（A1）「知」の創造と継承が大学の責務である。この期待に応えるため、大学は教育、研究を一層発展させねばならない。しかし従来は、国立大学が文科省の内部組織であるため、新しい取り組みを行うには不都合なところがある。その点、欧米諸国では、国立大学でも法人格があり、自由な運営ができる。そこで我が国の国立大学でも、優れた教育や特色ある研究に工夫を凝らせるよう、国の組織から独立した「独立法人」とすることにした。法人化後の国立大学は、いろいろなことを自分で決められるようになる。

（Ｑ２）国立大学法人化は、国の支出を減らすためではないのか。

（Ａ２）法人化後も、大学を独立採算制にすることはせず、国が引き続き必要な財政措置を行う。

（Ｑ３）国立大学の法人化では、学生にとって何が良くなるのか。

（Ａ３）法人化により、組織、予算面での自由度が大きくなるので、学生や社会のニーズに応えるよう、学科の再編成、履修コースなどの工夫ができるようになる。また法人化後は定期的に検査を受けることになるので、学生による授業評価が重要となる。したがって大学は、学生による授業評価を受けながら、授業を充実させねばならない。

（Ｑ４）国立大学が法人化すると、授業料が大幅に上がることはありませんか。

（Ａ４）国が定める授業料の一〇パーセントを超えて増額することはありません。

（Ｑ５）国立大学が法人化されると、民間的な発想で基礎研究がおろそかになりませんか。

（Ａ５）民間のように利益を追求するために、大学を法人化するのではない。自分の大学が何を特色にするかは、大学自身が決めることである。文科省としても、各大学の基礎研究を充実させてゆきたいと考えている。

（Ｑ６）地方の国立大学や小規模な国立大学は、法人化により衰退するのではないか。

（Ａ６）これらの大学は、それぞれの利点もあるので、それらを生かす努力をすれば衰退することはないと考える。

（Ｑ７）大学における教育、研究は評価しにくいのではないか。

（Ａ７）この評価には、一律の基準を一律に当てはめて評価するのではなく、各大学が自主的に決めた中期目標等についてどの程度達成されているかを評価する。この際、大学に関する研究機関や学識者からなる委員会も評価に関与する。

（Ｑ８）大学の法人化後は、八年間の中期目標の作成や評価が行われるので、かえって国の関与が強まるようにも見えますが。

（A8）実際には目標の作成は、各大学が自主的に行ってもらう。また評価は、有識者による委員会がこれを行い、大臣や文科省職員が行うのではない。したがって、法人化後に文科省の関与が強まることはない。

（Q9）大学の自主性を尊重するなら、中期目標を文部科学大臣が定める必要はないのではないか。

（A9）大学は法律により設置されているので、各大学が恣意的に計画を立てたときに、国が負担できる金額を大きく上回るような事態になるのは避けねばならない。したがって文部科学大臣は、各大学の計画を検討した上で、適当な配慮を行う必要がある。

（Q10）国立大学法人は、他の独立法人とどのような差異があるのか。

（A10）独立行政法人は、公共に必要な業務を、国の財政措置を受けながら行うのに対し、大学法人は、国が責任を持つべき高等教育や学術研究を、国の財政措置を受けながら行う。両者の違いは、一般の行政法人の長は文部科学大臣が任命するのに対し、大学法人の学長は各大学が選出することである。

十一・三　法人化された大学における講座研究費の減額と、教育義務の強化

さて、この十項目のQ＆Aの大部分は、現在では全くの「反故」になってしまった。なぜなら、ここで繰り返し強調されている「大学の自主性の尊重」は無視され、さらに全ての大学の研究者にとって文字通り血脈であった、各研究室の（あるいは各講座の）研究費が、毎年一パーセントずつ減額されることになったからである。

実際にはこの減額値は他の諸経費の減額と加算されており、それが毎年継続される。この処置により減額される各講座の研究費は、私の知る例では十年間で約百万円にもなる。

たとえば、ある講座の研究費が当初一年あたり二百万円だったとすると、十年後にはこれが百万円、つまり半額になってしまうのである。

なお、この一方的な措置は、文科省から各大学に何の説明もなく突然行われ、大学の人々は何の声も上げられなかった。

また、この文科省の措置は、大学法人化とほぼ同じ頃に始まった「競争的研究資金制度」

の資金に、大学講座研究費の減額分を加算するためであったと思われる。

大学法人化以前は、大学の研究者には講座研究費が支給され、これによってささやかながら各自の自由な研究を続けるとともに、大学院生の教育費、つまり彼ら自身の研究と、学会参加の旅費などが賄われていた。そして各自が研究を発展させるための研究費は、文科省の科学研究費補助金に応募し、採択されることで得ていたのである。

この科学研究費補助金の採択率は決して高くなかった（おそらく平均して約二五パーセントであった）。そして本書ですでに述べたように、有力教授による身勝手な研究費の配分も行われていた。

私は大学の研究者としての生活の大部分を、このような制度のもとで過ごした。当時は現在に比べて生命科学の研究者の数ははるかに少なく、科研費の申請書類は手書きで準備し、申請結果は採否の通知がなされるのみで、採否の理由などが知らされることはなかった。思えばのんびりした時代であった。

こうして、国公私立を問わず大学の研究者は、彼らの研究・教育活動にとって必要不可欠な講座研究費を大切に使用し、研究費が不足すると、採択率は低いが当時の文部省の科学研究費補助金を申請し、何度かに一遍くらいはこれを獲得して、どうにか研究を自主的に進めていたのである。

このような研究者にとって、講座研究費の額を毎年減額されてゆく代償はどこに求めればよいのだろう。従来の科学研究費補助金の総額が増え、その採択率も向上してゆけば、熱心で有能な研究者にとっては実質的に研究費の増額をもたらし、逆に研究意欲のない怠惰な研究者は、研究・教育費の不足により講座を維持できなくなり、最終的には「淘汰」されるかもしれない。そして、このような結果がもし起こるなら、旧科学技術庁の人々が目指した「民間会社の運営法」、つまり効率的な部門への資金投入を増やし、成果の上がらない部門は統廃合する――に合致することになる。

しかしこれは、あまりにも短絡的な考えであろう。なぜなら学問とは、会社の経営側から見れば、元来、甚だ能率の悪いもので、何百の異なる研究分野から、何十年かの間に一回くらいしか、人類の大自然に対する理解を深め、社会にとっても有益な、発明・発見は現れないのである。これは自然科学を生み出したギリシャ人の伝統を継いだ欧州における自然科学の歴史から明らかである。

そしてまさに、そのような発明・発見が成し遂げられても、その時点では誰もその偉大さに気付かない。たとえば英国のファラデーが電磁誘導の大発見を成し遂げ、評判になったとき、当時のビクトリア女王は彼に向かって「この発見がどんな役に立つのですか？」と尋ねられたという。これに対するファラデーの答えは、「今に政府は電気に対して税金をかけるようになるでしょう」であったのだ。

このように、天才を持たない凡人が、民間会社の経営のように、目先の考えで学問研究の価値を判断してはならないのである。

一方、Q&Aに対する回答のうち、現在に至るまで厳格に実行されているのは、教育に関する義務である。各大学は毎年その教育目標を計画して、これを文科省に提出し、そしてその効果を学生からのアンケート結果により自ら評価し、詳細な報告を作成し提出しなければならない。そして私の知る限り、この業務は、研究室の将来を担う若手の准教授あるいは助教も行わねばならない。

したがって毎年この作業に、彼らは多大の時間を使わねばならない。この作業は単純作業ではなく、毎年新たな工夫を求められる頭脳労働なので、講座研究費の毎年の減額と相まって、彼らの研究活動は、圧迫・委縮されざるを得ない。

さらにこれに加えて、各研究室の運営資金の毎年の減額のため、従来、研究室のメンバーや大学院生に支給されていた学会出張のための旅費が支給不能となり、彼らは身銭を切って学会に参加することになった。

なお、この講座研究費の毎年の減額は、数年前にやっと停止し、「低値安定」となったそうである。この額は、講座研究費減額開始前の額の三割減以上になるという。

十一・四　競争的研究資金の導入とその結果

さて、このように、学校法人は毎年のように教育方法の改善案の提出と、その効果の報告を強いられる一方、大学院生への旅費支給が不可能になる、という矛盾に満ちた状況となった。その一方で、毎年行われる講座研究費の容赦ない減額により浮いた予算は、ほぼ同時期に制定された「競争的研究資金」に投入されたに違いない。

この「競争的研究資金」の制度こそ、旧科学技術庁の人々が目指した、民間会社の経営法――成果の上がる部門の予算を増やし、そうでない部門の予算を削減する――を大学にも求めるという政策の実現であった。

私の私見では、この政策は「科学立国」を目指すためには極めて有効であろう。ただし、この政策が適用される学問分野は、基礎的な、何を将来生み出すかわからない部門に適用すべきではない。これは先にも触れた英国のファラデーの電磁気の研究などから明らかである。彼は自分の興味の赴くままにいろいろな実験を繰り返し、電線でできたコイルの中に棒磁石を突っ込んだり、抜いたりするごとに、コイルに電流が流れることに気付いたのであった。

　そしてファラデーの不滅の功績は、彼の学歴がないに等しかったにもかかわらず、彼の才能を予見し、自由な研究を許した化学者ハンフリー・デービーの寛大な処置によるものであった。当時は誰も、彼の電磁誘導の研究が、現代の文明社会を根底から支える電気工学の基盤になるとは予想できなかったからである。

　一般に真の天才は、処世術などは持ち合わせず、したがってボス教授に成り上がることなど不可能である。以上述べたことから明らかなのは、**処世術に長けるが才能の乏しいボス教授が計画する競争的研究資金の対象に合致しないことを理由に、隠れた独創の芽を摘んではならない**ということである。

　文科省の二〇二〇年度の公表された予算額一覧を見ると、最近では、私が現役研究者であった時代から続いている科学研究費補助金の総額と、競争的研究資金の総額が併記されており、何と後者の総額が前者のそれの約一・五倍にも達する。この競争的研究資金に、毎年減額された大学法人の講座研究費が投入されているに違いない。

そしてこの競争的研究資金の申請項目には、多数のゲノム研究が列記されている。私はこれ以上詮索する気はないが、本書で繰り返し記した我が国の分子生物学者の非生産性から推量すると、数年前に起きた「論文捏造」の温床はここにあったのではないだろうか。

本書に後で論議するように、生命科学のような学問分野で最も必要なことは、現在流行の研究課題に合致しないからといって、学校法人の研究者の研究の自由を侵すべきではない、ということである。

現行の制度下では、以下の理由により、我が国の生命科学は衰亡するだろう。

（一）研究者の血脈である講座研究費を減額し続け、自由な研究を事実上不可能にしていること。

（二）研究者に教育計画の立案とその評価を毎年行わせ、多くの労力をこれに向けざるを得なくしていること。

（三）講座研究費の減額により、研究者、大学院学生の学会出席旅費も支給不可能となっていること。

（四）これらの研究・教育活動に与える悪影響により、大学法人の研究の自由はなくなり、独創の芽は摘みつくされること。

十一・五　米国の大学の科学行政とは全く異なる我が国の科学行政

国立大学の法人化に先立ち、文科省の人々は、欧米の多くの大学が私立大学であり、各大学の自由な意思により効率的に学問研究活動を行っているのに対し、我が国の国立大学は種々の規制により、自らを改革する自由がない、と考え、欧米の私立大学のような、内部改革の自由度を国立大学に与えることが国立大学法人化の目的であるとした。

私は米国のコロンビア大学と米国国立衛生研究所（ＮＩＨ）に勤務した経験があるので、もっぱら米国で見聞した、米国のハーバード大学をはじめとする私立大学の事情を、我が国の国立大学のそれと比較しながら箇条書きにして説明しよう。

ハーバード大学などの超名門校では、研究者の身分、待遇がはっきり二つに分かれている。

一つは、すでに研究業績を挙げ名声の高い「看板教授」で、学生への講義や実習を行う義務はなく、研究活動に専念する。いま一つは、学生への講義や実習に専念する職員で、特に業績を要求されず、教務に専念すればよい。

　大学の学長の腕の見せどころは、いかにして看板教授を集めるかである。なぜなら、看板教授は大学の名声を高めるばかりでなく、彼らがＮＩＨなどの政府機関から獲得する巨額な研究費が大学にも利益をもたらすからである。

　この研究費には、直接経費と間接経費があり、直接経費は研究に直接必用な機器、薬品などの購入のほか、教授自身を含む、研究に従事する研究員、補助者などの給与を含んでいる。

　また間接経費は、大学が教授の研究遂行のために行うサポートの全てを含んでおり、研究室の光熱水道費や研究棟の建設費と維持費も含んでいる。

　つまり、看板教授の獲得する研究費が巨額なら、大学がこれによって得る間接経費も巨額になり、大学は経済的にも大きな利益を得るのである。

　これらの理由により、米国の大学は争って有名教授に破格の年俸を提示して、彼らの着任を依頼するのである。彼らの巨額の年俸は大学が支出するのであるが、それをはるかに超える利益が得られるのである。

では日本でも同様に、大学の法人化によって、米国の名門私立大学のような研究活動の活性化が起こり得るであろうか。答えは「全く不可能である」としか言えない。なぜなら我が国では、学長が強大な権力など持たされていないからである。

我が国では、学長は大学職員による選挙で選出されるが、実質的には「学部間の持ちまわり」で、前回は工学部が学長を出したから、次は別な学部から、といったやり方である。そして、このようにして選出された学長は、独裁的権力など持たない。彼の身分は、任命権者が文部科学大臣であるために、政府により保証されてはいるが。

これに対し米国の私立大学では、学長は大学の経営者によって任命され、強大な権力を持たされるが、結果が思わしくなければあっさり免職されかねない。また、看板教授といえども、研究活動が衰え、研究費獲得も不可能になれば、その地位は安定ではなくなる。

このような人事の流動性は、我が国の学校法人では全くあり得ない。なぜなら大学職員の身分は国家公務員として保障されているからである。

右記の考察から見て、我が国の学校法人は、米国の私立大学とは制度的に全く異なり、人事の流動化による研究の活性化などは、初めから不可能なのである。では、旧科学技術庁の人々の考える「研究の活性化」の実態とは、いかなるものであったのだろう。

これは、研究費の偏った（あるいは不公平、不平等な）配分により、学校法人の研究を民間会社の発想により効率化しようとするものであった。

本書でたびたび指摘したように、我が国の大学の有力教授は、恣意的に自分たちの研究グループで研究費を独占しようとする性癖がある。これは好意的に考えれば、自己の研究を、自分の眼が黒いうちに遂行しようとする意志の現れであり、これもたびたび指摘した、我が国の分子生物学者の消極的態度の対極にあるものである。

しかし、有力教授の利己心を抑える方策を立てなければ、我が国の生命科学研究は「弱肉強食」の世界と化し、有力教授の庇護のもとにない真に独創的な研究の芽は摘まれ、学問全体が衰退するであろう。

現行の「競争的研究資金」制度の実態は、まさに私の憂慮が的中しているように思われる。各々の競争的研究資金の公募要項を読むと、持って回ったような、部外者にとって難解な表現が目立ち、ある特定の研究対象に興味を持つ研究グループ間で研究費を配分しようとする意図が透けて見えるものが多い。

言葉を変えていえば、ある研究課題をその年度の競争的研究資金の項目に加えることに成功すれば、その時点で研究グループ間の「競争」は終わっており、あとは、この研究題目に〈ふさわしい〉申請を採択し、グループ内で分配するのみなのであろう。

もちろん文科省は、このような身内での研究費配分を固く禁じているが、このような規制の網を潜ることは容易であろう。なぜなら、我が国の研究費申請の審査は、世界に類のないお粗末なものだからである。

米国の私立大学にとって重要な間接経費は、我が国の大学法人にとっては元来不必要なものである。国立大学の建物、設備、光熱水道費は政府が支出しているからである。したがって、文科省が米国の制度を単純に模倣して、研究費を直接経費と間接経費に分けることは、無意味である。

一方、我が国の私立大学では、この間接経費は貴重であろう。以前に早稲田大学の女性研究者が、科学研究費の一部を自己の利殖に流用した際、多くの人々の期待に反し、この研究者は懲戒免職処分を受けず、退職金を受領して退職した。この「寛大な」処置は、大学が間接経費を使用していたためかもしれない。

十一・六　我が国独特のお粗末な研究費申請の審査法

私は米国の国立衛生研究所（ＮＩＨ）に勤務中、米国各所の大学の有名教授と頻繁にキャンパスで出会うので、不思議に思い理由を尋ねると、彼らはＮＩＨが支給する科学研究費の申請書の審査に来ていることがわかった。そしてさらに、彼らはＮＩＨ周辺のホテルに宿泊し、個々の申請書の審査を十分時間をかけて行った後、申請の採否を決定する。そして不採択になった申請に対しては、懇切丁寧に、不採択の理由、再度申請する場合の申請書の書き方に関する注意事項などが、Ａ４判の書面にシングル・スペースでびっしり記される、とのことであった。当時の我が国の科学研究費の申請では、申請の採否のみが申請者に通知されていたので、そのあまりの違いに驚いたのであった。

なお私は後年、米国の国立科学財団（National Science Foundation）や、米国心臓協会（American Heart Association）などから、研究費申請の審査の依頼をしばしば受け、これを行った。申請書審査を引き受けると、直ちに申請書が届き、一週間以内にかなり長文の報告を求められた。謝礼金などはなかった。

当時は、私の専門分野である筋収縮動力学の論文が多く、私は多少煩わしいと感じながら、審査義務を果たしていた。

しかしあるとき、私の感心しない申請があったので、厳しい評とともに申請の却下を報告したところ、以後、審査依頼が来なくなった。どうやら米国の当事者たちは、私（日本の審査者）の温和な審査を期待していたらしい。いずれにせよ、米国における研究費申請審査は、広く国外の研究者の意見を求めるなど、懇切を極めるのである。

これに対し我が国では、文部省（当時）に対する科学研究費補助金の申請は、研究分野ごとに部、分科、細目に分かれており、一次審査と二次審査の二段階で行われていた。申請の採否は一次審査で決定され、二次審査は「配分の調整」を行うとされていた。そして各細目での審査は、一次、二次審査とも、それぞれただ一人の審査員が行うのである。

私の記憶では、当時（一九七〇〜九〇年代）、研究費申請の有資格者は約二万人といわれていた。したがって、各細目の一次審査員は、一人で膨大な申請書の山を処理しなければならなかった。また、二次審査で行う調整とは意味不明瞭で、情実の入りこむ余地があったようである。

文部省もこの二次審査で、一次審査の結果が覆る例があるため、情実の根を断つため、一次審査員と二次審査員の決定を別の組織（学術振興会と学術審議会）に依頼するなどの処置を行ったが、効果は疑問であった。

文部省が文科省に変わってから、競争的研究資金をはじめ、種々の申請部門が新設されたが、審査方式は旧態から変わっていないようである。この結果として、申請の不採択を申請者に通知する文言が発表されるが、これが小さな枠内に「俳句か川柳」と同じくらいの文字数で書かれた、申請者を呆れさせるものなのである。

私はかねて、この「川柳もどき」の非採択理由書と、ＮＩＨの懇切な非採択理由書との間のあまりの相違を憂慮し、当時の文科省研究助成課の方にＮＩＨのような申請書審査を行うよう進言したことがある。しかしそれに対する回答は以下のようであった。

「ＮＩＨのやっているように、偉い先生に東京に来ていただいて、泊まりがけで多大な時間をかけて個々の申請の審査を依頼すれば、膨大な経費がかかります。そんなことに使う予算は文科省にはありませんよ」。

私は第九章で記した、電子顕微鏡下に生きたミオシンフィラメント上のミオシン頭部の運動の研究を、日本電子株式会社や東京農工大学で行っていたが、ある年、電子顕微鏡が老朽のため使用不能となった。幸い新しい電子顕微鏡が使用可能だったので、研究装置をこれに取り付けようとしたが、これに数百万円の費用が必要であることがわかった。

そのため、数年間にわたり、種々の研究費申請種目に研究費申請を行ったが、全て不採択であった。そしてついに、研究機器のソフト部分が経年変化で動作不能となり、我々の研究は自然に立ち枯れることになった。

我々の最後の申請の非採択を告げる「川柳もどき」の文言には、「この研究は準備不足である」とのみ記されていた。私は思わず吐き気を催した。おそらく審査員は、申請書の山を前に、気に入らない申請には同じ文言を書き続けていたのではないか。

十一・七　大学法人における教育と研究の崩壊

私の勤務先は私立大学だったので、ここを定年退職するまでは、国立大学の法人化を対岸の火事のように思っていた。しかし勤務先を定年退職後、学校法人となった国立大学の研究者、大学院生らと一緒に研究を始めてみて驚いた。

私の共同研究者の一人は、国立大学物理学科の准教授であったが、自身の研究室を持ち、何名かの大学院生の教育も行っていた。ところが驚いたことに、彼の研究室の研究費は、わずか三十万円に過ぎなかったのである。

これでは「何もするな」と宣告されたも同然である。彼の場合は、恩師の教授から引き継いだ研究装置を持っていたので、研究はランニングコスト（自己負担を含む）があれば辛うじて継続可能であっただろう。

したがって大学院生たちには、学会への参加費も支給されず、実験のためのランニングコストの少なからぬ部分を自弁していたであろう。もっとも、私の東大動物学科の大学院生時代も、これと似たような境遇であったが。

そして学校法人では、毎年の学部学生に対する授業・実習の計画を新たに策定し、年度末には学生からのアンケートなどの評価をまとめ、さらに教育計画に工夫を凝らすことを義務づけられている。これは当事者にとって、少なからぬ努力と時間を必要とする。

さらに学校法人化した大学では、従来の科学研究費補助金への申請は、研究者数の増加により、以前に比べ著しく増加した。このため採択率の低下、採択された場合の個々の申請者に与えられる金額も著しく減少しているに違いない。つまり、研究者が自ら選んだ研究課題に関する研究を継続することが不可能になりつつある。

研究費に窮した研究者は、結局「競争的研究資金」を獲得した有力教授の研究計画における共同研究者、あるいは研究協力者として資金の分配に与《あずか》ることを目指すようになる。ところがこの競争的研究資金の研究対象は、有名教授が恣意的に決めたものなので、幸運にもこれに加わった研究者は、多くの場合、自分自身の研究対象を変更せざるを得ない。

そしてまた、個々の研究資金計画は、数年以内に完了してしまうのである。この結果、向学心に燃える若者が生命科学研究を志しても、彼らがしばらく根を下ろし、独創の芽が成長するのを助けるような土壌は消失してしまう。

こうして我が国の生命科学は衰退、滅亡に向かわざるを得ない。すでに述べたように、最近の文科省の予算を見ると、この競争的研究資金の総額は、従来の科学研究費補助金の総額の約一・五倍に達する。そしてこの研究資金には、大学研究者の血脈である講座研究費の大減額分が投入されているのである。旧科学技術庁の流れを汲む人々の宿願、「大学法人の研究の民間会社の経営理念による効率化」は、まさに達成されたといってよいだろう。

しかしこの制度は、科学の応用部門では多くの成果を挙げ得るであろうが、大自然が創造した「生命」のしくみの解明を目指す生命科学分野には適用してはならない。なぜなら、大自然の奥深い神秘に切り込むには、天才による独創が不可欠であり、現在の研究計画立案者の目先の浅知恵などでは歯が立たないからである。

さて私は、我が国で多額のゲノム研究に関する「競争的研究資金」を得ている分子生物学者の近年の研究活動を調べてみた。彼らが構成する日本分子生物学会の大会には、一万人もの参加者があるらしい。私はこの大人数の会員からなる同学会の英文機関紙である『Genes to Cells』誌のインパクトファクターを調べてみた。

インパクトファクターとは、その学術雑誌に載った論文が、一年あたりに引用される回数の平均値を表している。その雑誌が各分野内で持つ相対的な影響力の大きさを測る指標の一つとされている。

また一般にこのインパクトファクターの値は、雑誌に論文を投稿する研究者の数を反映する「ポピュレーションファクター」と見なされている。なぜなら、多数の論文投稿者が互いに論文を引用しあうので、研究者の数が多ければ、インパクトファクターは高い値になるはずなのである。

しかし実際には、多数の参加者のある日本分子生物学会の英文機関紙のインパクトファクターは、驚いたことにわずか１・６に過ぎず、しかも毎年減少を続けていることがわかった。

この意外な現象の原因として考えられるのは、

（一）この雑誌に掲載される論文は文字通り「周回遅れ」で、国内外の研究者から引用されない。

（二）この分野の若い研究者の多くは、奴隷のようにこき使われ、独自の仕事を行うことを許されない。このため彼らはそもそも論文を書く機会が与えられない。学会の英文機関紙の役割は、本来であれば、若い研究者が論文の執筆法を学び、他の研究者と交流する機会を得ることのはずなのに。

残念なことに、セントラルドグマの樹立に貢献できなかった我が国の分子生物学者は、欧米の研究レベルに「追いつき追い越す」ことなどできなかったと考えるほかはない。そしてさらに悪いことに、彼らは我が国の生命科学を衰亡させせつつある。

第十二章　我が国の生命科学再建のための基本方策

私は本書でまず、我が国が東洋で唯一の、西欧文明の急速な移植に成功した要因を考察し、それが承久の乱により我が国の政治の実権が武士の手に握られたことにあるとした。

そして黒船の来航を契機として、徳川幕府が当事者能力を失うと、代わりに台頭した薩摩、長州などの下級武士の尽力により明治維新が成功し、我が国への西欧文明の移植は、その才能により選抜された留学生や、お雇い外国人により見事に成功した。そして高峰譲吉、北里柴三郎らの欧米での活躍により、日本人の優れた資質が明らかになった。

しかし、北里の伝染病研究所からの追放に見られるように、優れた人々の成功を妬み、これを陥れようとする矮小な人々と、このような人々の主張に唯々諾々と従う政府の当事者により、明治維新の成果は次々と食いつぶされていった。今や世界公認の、我が国のワクチン対策の遅れは、北里の追放の当然の帰結のように思われる。

一方、寺田寅彦が指摘したように、我が国の人々は、「独創的研究は西欧諸国でもっぱら行われ、我が国はこれを模倣し追いつけばよい」との固定観念から、我が国の真に独創的な研究を無視し続け、現在もこの傾向は続いている。それにもかかわらず、我が国の偉大な神経生理学者、加藤元一、田崎一二らは、世界をリードする研究を成し遂げた。彼らの影響を受けた我が国の研究者たちは、続々と優れた研究を行い、我が国における神経生理学の黄金時代を築き上げた。

その後、米国では、エイブリーの核酸研究に始まる分子生物学がみるみるうちに発展し、ついに「セントラルドグマ」を樹立するに至った。我が国の分子生物学者は、この過程に顕著な貢献をなし得なかったが、我が国の政府による分子生物学（あるいは分子遺伝学）の過度の重視により、多額の研究費を支給されることになった。

しかし彼らが政府の期待に立派に応えたとは思われない。これに加えて、有力教授の恣意的な振舞いが、我が国の研究体制を大いに歪めている。

そしてついに、政府による国立大学法人化の強行により、我が国の生命科学は欧米諸国に比べ「周回遅れ」となり、さらに滅亡に瀕《ひん》している。

本書の終わりに、私はこの我が国の生命科学を再建する方策を提案したい。

なお、本章では厚労省の改革については一切触れないことにする。すでに国会での質疑応答の場で、政府が、（一）民間製薬会社に対するワクチン製造を含む創薬活動への巨額の助成金の支出、（二）政治家さえいらだたせる厚労省の新薬認可の不可解な遅れの改善、などを表明しているからである。

十二・一　文科省は欧米の科学研究費審査過程を精査し、我が国に取り入れよ

我が国の外務省は、欧米諸国の首都に大使館、重要都市に領事館を設置しており、これらの施設には、外務省職員以外に、他の省庁の職員も、書記官などの資格で常駐している。彼らの任期の多くは二、三年くらいである。これらの他省庁からの出向者は、どんな任務を課せられているのであろうか。

私がニューヨークとワシントンＤＣに滞在中に見聞きした限りでは、彼らは特にある特定の任務を持ち、それに忙殺されている様子はなかった。彼らは、ごく一般的な意味での社交を楽しんでいたようである。これが現地の人々と親交を結び、我が国にとって有用な情報を得るのに役立つなら、大変結構なことである。

しかし私が、友人であり諸外国の大使を歴任したＷ君から聞いた実情は、残念ながら芳《かんば》しいものではなかった。

彼らの多くは、同じ職場の勤務者、あるいは現地の我が国の商社員など、つまり日本人同士での「社交」に明け暮れ、自分が国費で外国に派遣されていることなど念頭にないとのこ

とである。W君の言うことは、諸外国で起こった事件で裏付けられた。

例を挙げれば、イラクが突如、クウェートの石油資源の獲得のため、クウェートに侵攻し、これを占拠した際、現地の日本大使館はこれを察知できず、当時のクウェート大使は日本に帰国しており不在で、取り残された大使館員たちは驚き慌て、我が国が邦人保護のために向かわせた飛行機に我先にと乗り込もうとする醜態を演じた。本来なら、邦人が全て無事に出国するのを確かめた後、自分も出国するのが、外交官の責務であろう。

ほぼ同様のことが、ロシアの反改革派が起こした「反革命」騒動でも見られた。現地の大使館はこの動静を察知せず、大使はまたしても帰国中で現地にいなかったのである。これではよく言われるように、「害務省」ではないか。

話が変わるが、私はコロンビア大学の同窓会のメンバーである。最近亡くなられた、米国の副大統領を務めたモンデール氏が駐日大使として赴任した際、日本のコロンビア大学同窓会が東京で彼を招いた。私は家内同伴で出席し、モンデール夫妻とニューヨークのメトロポリタンオペラの話を始めたところ、オペラファンのモンデール夫妻は喜んで身を乗り出してきた。

そのとき、この同窓会に出席していた、我が国のF元総理が、我々の会話に割り込んでこられた。それはよいのだが、私はF元総理の英語の拙《つたな》さに仰天した。なぜなら、彼は若い頃、ロンドンの日本大使館に何年か書記官として駐在されたからである。

ここでお断りしておくが、このことはF元総理にとって何の不名誉でもない。総理の外交は通訳を介して行われるのが鉄則であり、会話が巧みだからといって通訳なしで重要な会談を行うことは、思わぬ行き違いを起こしかねず、危険だからである。そして私はF元総理の清廉な暮らしぶりを尊敬していた。

しかし私は、この件が気にかかっており、友人のW君に、大使館に駐在する他省庁の職員の暮らしぶりについて尋ねてみた。ちなみに彼も、若いときロンドンの日本大使館に勤務しており、ロサンゼルス総領事時代には現地のパレードに、娘と一緒にオープンカーに乗って参加するなど、現地の人々との交流に努めていたからである。

彼はこう答えた。「Fさんの話には別に驚かないよ。昔から他省庁の大使館駐在員は、日本人同士で遊び惚《ほう》けているのが大部分なのだから」。

私がここで提言したいのは、各省庁からの大使館あるいは領事館の駐在員には確たる任務を課し、無為に時を過ごさせてはならない、ということである。文科省の外国出向者は、勤務地がワシントンＤＣの日本大使館なら、近郊のＮＩＨでの科学研究費申請の審査法を学ばせ報告させることを義務づける。また他の大都市の領事館なら、近くの有名大学の人事決定法を克明に調べ報告させることを命ずる。

要は、国費で外国暮らしをしている若い文科省職員を無為に放任してはならないということである。彼らを無為に「遊び惚け」させていた結果が、クウェートやモスクワ大使館の醜態を引き起こしたのだから。

十二・二　我が国の大学のインパクトファクターによる人事を改めよ

学術誌のインパクトファクターとは、先にも述べたように、ある学術誌に一年間に掲載された全ての論文が、他の研究者の論文に引用された回数を示す値である。したがって、研究者数の多い、現在流行の学問分野の論文が掲載される学術誌のインパクトファクターが高いのは当然であり、むしろポピュレーションファクター、あるいは流行ファクターと言ったほうがよいこともすでに述べた。

この結果、ゲノムに関する研究などの流行分野の論文を、「商業主義」に基づいて掲載する『Nature』誌のインパクトファクターは約30であり、これとは対照的に、神経科学の黄金時代を飾る多くの生理学論文を掲載してきた、英国ケンブリッジ大学が出版する『The Journal of Physiology』誌のインパクトファクターは4から5に過ぎない。

つまり、商業主義の産物に過ぎないインパクトファクターなどは、研究の価値とは無関係なのである。

しかし驚くべきことに我が国の大学では、国、公、私立を問わず、ほぼ一律に、教員の人事の決定にこのインパクトファクターのみを採用するようになったのである。これは、研究者の能力の評価を、過去に発表した論文のインパクトファクターの総和のみで行うという、驚くべき安直なものである。

この方法では、たとえばある研究者が『Nature』誌に発表された論文に著者として名を連ねていれば、彼の役割がどんなに軽くても、インパクトファクター30が加算されるのである。一方、別の研究者が、長年の努力により『Journal of Physiology』誌に五編の論文を発表しても、彼の総インパクトファクターは、4×5＝20にしかならない。こんな不合理な話はない。

しかし実際には、大多数の大学で、このような浅薄、不合理な研究者の評価が行われたのである。この結果、大学の生命科学系の諸講座の教授は、どんどんゲノムを扱う分子生物学者に置き換えられていった。

当時、私を含む生理学者は、この事態に驚き憤慨し、「我々の研究室は『紙にしみを付ける』連中に奪われてしまった」と言い合ったのであった。ここで「紙にしみを付ける」とは、分子生物学者が使用する濾紙《ろし》電気泳動のことである。後年問題となった論文捏造の頻発の多くは、この紙のしみの捏造だったのではなかろうか。

米国の大学では、教授人事の際の候補者の評価は、以下の三項目について行われる。

（一）学生に対する講義、実習への熱意と実績
（二）研究者としての実績
（三）大学院生を指導する能力と実績

そして右記の三項目は、教授候補者の評価の際に同等の重みを持つ。私の経験では、ある教授候補者が、毎年授業予定（シラバス）の提出が遅れ、他の教員に迷惑をかける、との理由で、教授承認を否決された。

教授候補者の研究者としての能力・実績については、米国内の他の大学、あるいは国外の大学の研究者に評価が求められる。私の経験では、丁重な評価依頼が学部長から送られ、評価の具体的方法が克明に記されていた。学外の評価者数は少なくとも二、三名以上であった。

なお、英国をはじめ欧州各国の教授昇任人事は、米国の場合と同様のようであった。いずれの場合にも、昇任人事が成功すると、直ちに学部長から丁重な感謝状が届いた。

さて、以上記した欧米諸国の例から見て、我が国で突如行われ始めた、インパクトファクターの総和のみで決まる教授人事は、正気の沙汰とは思われない。これでは、各大学の教員に、優れた人材を招くことに対する興味など全くないと思われても仕方がないだろう。

私の提言は、我が国の教授人事を欧米のように行うことである。このような問題に、時間と労力を惜しんではならない。

十二・三　科学研究費申請の評価から利己的な有力教授を除外せよ

本書のかなりの部分で取り上げたのは、これも欧米諸国には例を見ない、我が国の有力教授による科学研究費の「私物化」であった。しかしこの国際的に見て驚くべき行為を可能にしたのは、文部省（後の文部科学省）の側の問題でもある。

なぜ文科省の担当者は、唯々諾々と有力教授の言いなりになるのだろうか。私の私見では、この状況を作った原因の一つは、文科省の方々の「科学知識の不足」にあると考えられる。

私は東京医科歯科大学の勝《かつ》木《き》保《やす》次《じ》教授の依頼で、私のコロンビア大学の恩師である、ハリー・グルンドフェスト氏の叙勲申請のお手伝いをしたことがある。毎年各省庁から外国人叙勲候補者が出揃うと、賞勲局で叙勲者の最終決定が行われる。これには何日も時間をかけて、各省庁が各々提出している受勲候補者の叙勲の妥当性を論議するのである。

私はこの論議が進行中、何度か文部省の担当者から連絡を受け、当方の叙勲候補者、グルンドフェスト氏の業績がいかに優れているかを主張するための助力を求められた。

そこで私が、生理学教科書の記述に基づいた説明文を提出すると、担当官は「これでは難しくて理解できません。もっとわかりやすく書いてください」と言われる。私は少々困惑して、「では、どのくらい易しく書けば宜しいでしょうか、できれば例を示していただけないでしょうか」とお願いすると、担当官は一冊の本を取り出し私に示しながら「この本のように初心者レベルの説明をお願いします」と言われた。

その本は、小学校高学年の生徒のための生物学入門書であった。私は直ちに、初心者向けの説明文を作成し、担当官はこの説明文によって、グルンドフェスト氏の業績を賞勲局で主張し、めでたく同氏の叙勲が決定した。

私は今でも、この担当官の熱心さに感謝しているが、その科学知識が小学校高学年くらいに過ぎないことに衝撃を受けた。しかし考えてみれば、これは当然である。彼らが入省する以前に受験する国家公務員上級試験の科目には、医学、生物学などないのだから。

しかしこれでは、有名教授の弁舌の前に「言いなり」にならざるを得ないだろう。

私は、私の英文の原著論文を送ると、これを読み、理解し、そして新聞記事を書いた、昔の新聞記者のような高い能力を持った人々が文部省にいたら、と思った。彼らは明らかに、生命科学系の講座の大学院に在籍した履歴があり、大学で職を得られず、新聞社の科学欄記者に転身したのであったろう。しかし文部省には、このような人々を受け入れる余地はなかったのだろうか。

私は現在の文科省に、一つの部局を新設し、このような人々を職員として迎え入れることを提案したい。彼らは入省したら、絶えず生命科学の諸分野の進歩に気を配り、さらに科学研究費申請の評価を国外の著名な研究者に依頼する事務も勤めねばならない。

　同時に、おそらく現在も続く、有力教授の利己的な提案に対しては、しばらく門戸を閉ざす必要がある。これが我が国の生命科学をいかに歪めてきたかは、本書の至る所で触れた。この「悪しき伝統」を断ち切るには、たとえ時間がかかろうとも、国外の研究者による研究費申請の評価は喫緊の課題である。

　各大学の昇任人事でも、「狂気の沙汰」であるインパクトファクター合算方式は即座に廃止し、欧米の大学が行っているような、

（一）学生に対する講義
（二）研究者としての実績
（三）研究者育成

の三本柱に基づく厳正な評価がなされねばならない。さもないと、現在見られるように、研究能力の欠けた人々が有り余る研究費を受領し、良い結果を出さねば研究費を打ち切られるのを恐れるあまり論文捏造に走る、という悪循環を断ち切ることはできない。

国外の研究者に広く意見を求める際、依頼する研究者を適切に選び、彼らの意見を的確に要約し結論を出すことのできる組織が、文科省に設置される必要がある。

仮にこの組織を「研究者資格審査委員会」と呼ぶことにしよう。この委員会のメンバーには、過去に利己的な行為を行った有力教授を加えてはならない。ではどのようにしてメンバーを選ぶべきだろう。私は、少なくとも委員会発足当初は、国外の優れた実績を持つ研究者の意見を求め、これを尊重すべきであると考える。

この件についてさらに論議することは現実的でないのでここでは差し控える。

十二・四　我が国の分子生物学者は投機的研究を中止せよ

我が国の非生産的な分子生物学分野の研究の、現状の問題点と改良すべき点を列記する。

（一）現在行われている遺伝子ノックアウト実験は、実験動物に備わった代償作用により、遺伝子除去の効果が認められないケースが頻発している。
私はこの事実だけで、この種の実験の論理は破綻していると考える。なぜなら、この代償作用こそが、大自然がその神秘を我々に垣間見せてくれているのであり、遺伝子ノックアウト効果が認められない場合、これを「失敗」として、発表をしないとは不思議である。

大自然にノックアウトされているのは研究者自身ではないか。これでは後世の人々は、この研究流行期を「不毛の時代」と切り捨てるだろう。

全く同じことが、現在流行しようとしている、「遺伝子組み換え」実験にも当てはまるであろう。この種の研究では、若い研究者に、ひたすらピペット操作などの単純作業を強いるため、彼らに「研究者として思索する」時間と機会を奪ってしまう。これが学問の衰退につながることは明らかである。

（二）　分子生物学の教科書は、光学顕微鏡、電子顕微鏡の写真で満たされている。どの分野の生命科学にも当てはまることであるが、生体の構造と機能は密接不可分であり、細胞の特定の機能の解明は、その構造の解明と常に並行して行われなければならない。

ただし筆者は、この種の研究が応用方面で成果を挙げていることは理解している。

しかし本書で論議するのは、若い研究員の育成なのである。

上記の理由から、我が国のノックアウト動物実験などに狂奔する分子生物学研究室は、若い想像力を持つ若者にとって、その才能を発揮する場ではあり得ない。奴隷のように酷使され、使い捨てにされるだけであることはすでに指摘されている。

彼らにとって必要なのは、研究対象を選ぶ自由と、すでに業績を挙げた国外の研究者と親しく接し、その探求精神を受け継ぐことである。

（三）若い研究者が才能を発揮するには年月が必要であり、性急に成果を求めてはならない。また、たとえ成果が挙げられない研究者が出ても、人間には持って生まれた才能差があることを考慮し、この方針を否定してはならない。現在の論文捏造に走る分子生物学者に投じられる巨額の研究費の無駄に比べれば、物の数ではない。

米国心臓協会（American Heart Association）では、研究者トレーニングコースがあり、この資格を得た者は、最終的に安定した地位（Associate Professor）が得られるまで、十年近くにわたって研究費が支給されるのである。

（四）研究者の能力、成果の評価法に、インパクトファクターなどを使ってはならない。この値の偏重が我が国の学問の形を歪め、論文捏造を生んだからである。また、我が国の有力教授の関与も排さねばならない。彼らの依怙贔屓《えこひいき》が我が国の研究体制を歪ませてきたからである。したがってこの「研究者の能力、成果」に関しては、主として国外の研究者に広く評価を求めるべきである。

十二・五　研究と論文発表を行わない「評論家教授」は退陣せよ

明治政府が招聘し、我が国の学問に深い影響を与えたお雇い外国人の項で述べたように、偉大な研究者精神の育成には、人から人への人格的交流が必要である。このことに関して、筆者が思うことを述べさせていただきたい。

私の経験では、若い駆け出しの研究者にとって最も重要なことは、彼の指導者（教授）が実験に集中している姿を見ること、指導者が自分の研究計画、研究法、研究結果などについて熱っぽく語る論議を聴き、これに参加することであろう。

そしてこのような教授の対極にあるのが、研究せず、論文を書かず、もっぱら啓蒙家、評論家として文筆活動に現《うつつ》を抜かす教授たちなのである。

このような「評論家的教授」は、我が国の「動物行動学」講座で、何人も見受けられた。

一九七三年、ローレンツ、ティンバーゲン、フリッシュの三人の動物行動学者が、ノーベル医学生理学賞を受賞したことから、この分野の学問に対する人々の関心が引き起こされた。

彼らはこの急に脚光を浴びた動物行動学について、多くの翻訳書、啓蒙書、入門書を執筆・出版した。この結果、一般の人々に、自然界における「生物多様性」の重要さが広く認識されたのである。

しかし、彼らの多くは、この彼らが紹介した動物行動学の研究に自ら手を出そうとはせず、評論家であり続けた。このような彼らの態度は、古典的な昆虫生理学者などから攻撃され、当時の一般向け科学誌『自然』などで論議が行われた。

もちろん我が国では、いったん教授になってしまえば、論文を出さなくても地位は安泰なので、評論家的教授は「研究して論文を書け」との非難など、軽くあしらっておけばよいのであった。

しかし私はあるとき、この『自然』誌に、我が国のK大学のH教授が、欧州の動物行動学会の集会に参加し、「太いパイプを通してきた」との記事が掲載されたので、どれどれとこれを読んでみて驚いた。彼はせっかく集会に参加しながら、著名な欧州の学者と面会し討論した形跡がないのである。

彼が集会出席で得た情報は、ドイツのマックス・プランク研究所で、動物行動学研究部門の間で激しい研究主導の争いが行われている（らしい）という間接的伝聞のみであった。これではまるで、お上りさんの見聞記ではないか。

ところが『自然』誌の編集者は、Ｈ氏の報告記事を称賛して「太いパイプを通してきた」と編集後記で称えているのである。何というレベルの低さであろう。なお、これから間もなく『自然』は廃刊となった。

さて私は、この件についてはその後すぐに忘れてしまっていた。これを思い出すきっかけは以下のようである。

医学、生物学の分野で多くの書物を出版した中山書店は、二十年以上の時間をかけて、十五巻からなる膨大な『現代生物学体系』を完成、出版した。この第一巻が出版された当時、私はまだ大学院生であったが、最終巻が出版される頃には編集委員になっていた。

そして私の前に悶着《もんちゃく》が持ち込まれたのである。私が編集を任された最終巻には、動物行動学分野や動物生理学分野の項目が含まれており、そして私の手許《てもと》には、Ｈ教授の原稿があった。

ところが、昆虫の感覚生理学者で国際的に著名なK大学のK教授が、「H氏は何も研究をしたことがない。このような人物の原稿が『現代生理学体系』に出版されるのは不賛成である」と、編集部に対し厳重な意見を出されたのである。

私は困惑した。そしてK教授の意見はもっともと思ったが、結局H教授の原稿は、その内容を大幅に短縮して掲載することでけりを付けた。このように、評論家的教授は、研究をする教授から憎まれていたのである。もちろんこのような教授の研究室から優れた研究者が育つはずはない。また米国なら、このような教授の地位は安泰ではあり得ない。

私がこの章の終わりにこの話を敢えて記した理由は、「教授の責務は、みずから研究に熱中し、優れた成果を挙げ、その研究活動によって後進に影響を及ぼし、良い研究者を育成することだ」と考えるからである。米国の大学の教授の昇任人事の柱には、研究者の育成能力が掲げられているではないか。

単に訳書、入門書、解説書が多いだけで、みずから研究を行わない者は、教授の地位を占めていてはならないのである。このような点をチェックするには、我が国でも大学の規約に、オリジナルな論文発表を重視するよう変更を加えれば済むことである。

第十三章　我が国の生命科学振興のための具体策の提言

さて、本書もついに最終章まで来た。ここではまず、明治維新時、明治政府が公平無私な精神で作り出した状況をまとめてみよう。我が国の生命科学の再建の可能性は、ある意味で、この当時の状況を再現することにあるからである。

（一）我が国民の科学研究者としての資質は、欧米に比べ勝るとも劣らない。明治時代の高峰、北里らに見られるように、我が国において公平無私な目で選ばれた若者たちは、科学史に残る成果を挙げた。また、本書で繰り返し非難した、我が国の非生産的な分子生物学者の中にさえ、我が国の状況に見切りをつけて海外に出た利根川進氏の例に見られるように、良い研究環境に置かれればその才能を開花させることができる人がいるのである。

（二）明治政府が招聘した「お雇い外国人」たちは、期待に応えて我が国の学問の発展に貢献した。医学者のベルツは後半生を我が国で過ごした。彼らは、「研究者としての精神は、書物、講義では不十分で、先生と弟子との間の人間同士の交流によってのみ伝えられる」と強調した。これを実現するにはどうしたらよいだろう。

（三）明治政府は、優れた若者の欧米への留学や、お雇い外国人の招聘などに、金を惜しまなかった。当時の我が国の外貨獲得の手段が生糸の輸出などに限られていた時代に、である。現在、世界第三位の経済大国である我が国の生命科学は、今や「周回遅れ」となり、さらに滅亡に瀕している。この再建のために金を惜しんではならない。

本書の終わりにあたるこの章で、私はもっぱら現在の分子生物学の前に立ちはだかる壁、「遺伝暗号に従ってリボソームから細胞質中に産み落とされたタンパク質が、いかにして生体の構造を形成するか」に的をしぼり、具体的な研究法を提案したい。

十三・一　基礎生命科学研究施設の運営方針の提案

私が考える、基礎生命科学の研究施設の運営方針は、以下のようである。

（一）本施設は共同利用研究施設とし、広く国内、国外からの施設利用者を受け入れる。

（二）職員は常勤および客員職員とに分かれる。彼らは、外部からの利用者の研究に協力するとともに、自分自身の研究も行う。

（三）客員職員は一から数年の任期制とし、主として欧米で実績を挙げた研究者を招聘する。

（四）客員研究員は任期中、自分の研究を行うとともに、専門分野の講義を行う。この方針により、我が国の若い研究者は、明治維新の際のように、偉大な研究者と親しく接することにより、不屈の研究者精神を体得し得るであろう。

（五）本施設には最新の高性能電子顕微鏡システム、光学顕微鏡システム、および超微量化学分析装置などを複数台設置する。一部の機器は職員の研究用に使用し、他の機器は職員あるいは来所研究者に、その性能の向上の試みのために利用可能とする。このためには、職員も、来所研究者も、研究の目的を持ち、この目的達成のために機器を改良する熱意を持つことが要求される。

明治維新における欧米の学問の我が国への移植の成功の影には、重大な欠陥があった。これは欧米の研究室に設置されている「マシンショップ」の導入を怠ったことである。

欧米では、このマシンショップの古参職員は、教授と同じ給与を支給され、誇りを持って研究者の要求に応じてオリジナルな実験装置を作製する。たとえば、ヤリイカの巨大神経線維の電位固定装置や、初期の細胞内微小電極用の増幅装置などは、最初はマシンショップで製作されたのである。

ニューヨークのロックフェラー大学には、講堂の裏の廊下に沿って、過去にノーベル賞を受賞した人々が使用した、オリジナルの科学分析装置が陳列されている。

このように、独創的な研究の背後には、新しい研究装置の考案と作成があったのである。ドイツの科学に関する有名な格言には「Methode ist alles」（方法こそ全てである）とあるが、そのとおりである。

一般に現在の高価な研究機器の納入業者は、機器を売り込んでしまえば、製作会社との仲立ちをして機器の改良などには応じない。本研究施設では、研究者の要求に応じて機器の改良を行う道を開こうと考えている。これは長い目で見れば、製造会社の利益にもなるのだから。

（六）上記の機器の改良に関する経費は、これに関する申請が採択されれば、研究施設が負担する。この申請は研究者が直接、本研究施設に対して行い、従来の科学研究費補助金、あるいは競争的研究資金とは無関係とする。

科学の歴史が示すように、偉大な発明・発見の多くは、研究者が若いときに行われる。したがって、我が国の若い研究者の創造的な発想を伸ばすため、十分な研究費が準備されねばならない。

この申請は、利己的な有力教授の妨害を受けてはならない。

また財源には、創意に乏しく非生産的な、我が国の分子生物学者への研究費を削減した金額で充当すればよい。彼らは使い切れない研究費を利殖に使用したり、あるいは論文を捏造したりした「実績」があるのだから。

私の憶測では、論文捏造が明らかになるのは、それが学問的に画期的な研究で、他の研究者に追試され捏造が暴露されるからで、さして重要でない研究は追試されることはない。したがって、明らかにされる捏造は、「氷山の一角」に過ぎないだろう。

才能ある若者たちに高価な研究装置を提供し、自由な研究を許し、その結果、偉大な成果が生み出された典型的な例として、私は米国のマサチューセッツ工科大学（Massachusetts

Institute of Technology）のシュミット教授を想起せずにはいられない。

彼は一九四〇年代から一九五〇年代にかけて、自らの研究室に、高価・高性能の電子顕微鏡を設置し、これを寛大にも広く欧米諸国の若い生命科学研究者たちに、彼らの意のままに使用させたのである。つまり当時のシュミット研究室は、生命科学者が使用できる唯一の電子顕微鏡の所在地であった。

英国のケンブリッジ大学の大学院生であったヒュー・ハクスレーは、X線回折により構造を発見した骨格筋の筋フィラメント立体格子構造の実在を電子顕微鏡で確認するため、シュミット研究室に滞在し、ここでやはり英国からシュミット研究室を訪れたジーン・ハンソンとめぐり合い、共同研究を行った結果、筋収縮の滑り機構の発見を成し遂げた。

私がここで提案した研究所の案も、このシュミット研究室が模範なのである。つまり、若い研究者に入所の機会を与え、彼らに高価な研究機器を自由に使用させ、さらに彼らの間の共同研究の自由も与えるのである。

十三・二　分子生物学の発展には電子顕微鏡などの光学機器を活用せよ

図13・1は、多くの脊椎動物の未成熟卵細胞に見られる「ランプブラシ染色体」と呼ばれる構造の電子顕微鏡写真である。この構造は、卵細胞が分裂に備えて、その核内に折り畳まれて収納されているDNA鎖の一部が解けて核外に突き出て、このDNAに沿ってmRNAが盛んに転写、合成されている現場なのである。

この構造は巨大なので、すでに十九世紀末に光学顕微鏡下に発見されていた。もちろん当時は、この構造が何を意味するか不明であったが、現在の知見では、ほどけて直線状になったDNA鎖に沿ってmRNAが転写されてゆく過程が、あたかも動画を見るように観察されるのである。

図13・1Aには、DNA鎖に沿って十個所以上のセグメントでランプの笠状の構造が繰り返されているのが認められるが、図13・1Bのように一個のランプの笠状の構造を拡大してみると、これがDNA上においてmRNAの転写が進行する経過に他ならないことがわかる。

個々のDNAセグメントにおけるRNA転写は、図のプロモーター部位で開始され、DN

図13・1　ランプブラシ染色体の低倍率（A）と高倍率（B）の電子顕微鏡写真

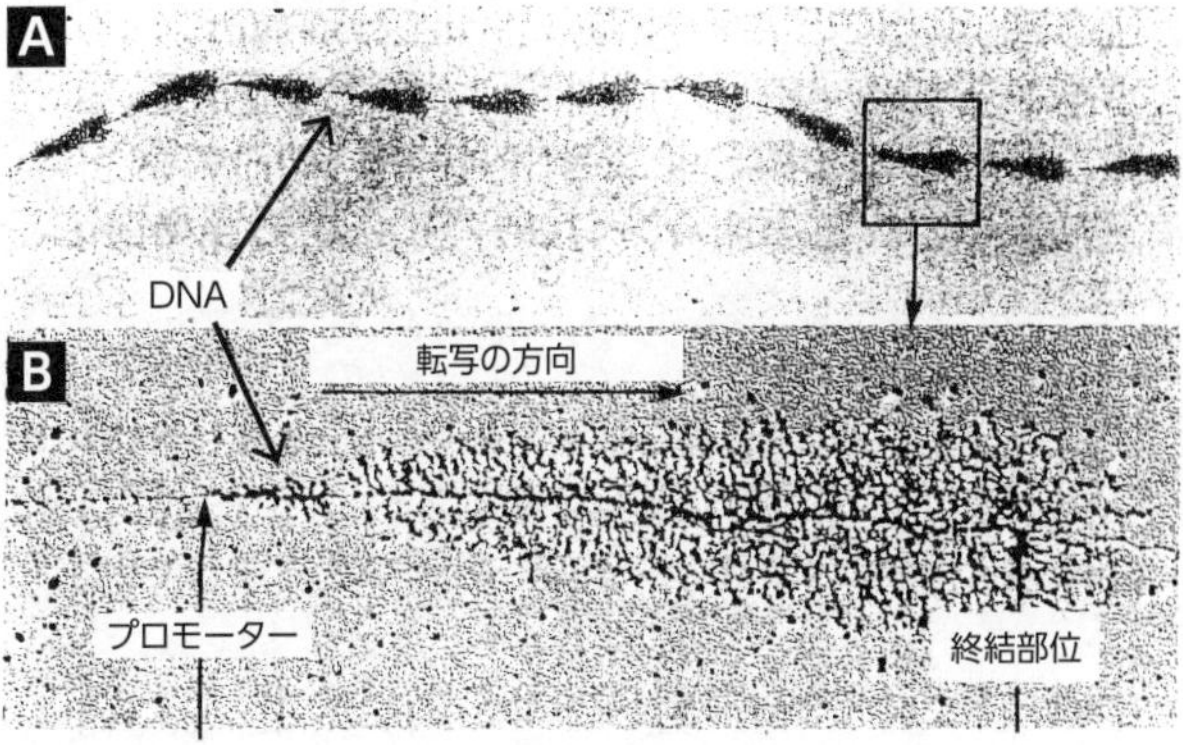

Ａ鎖に沿って矢印方向に進行し、終結部位で完了するのである。こうしてＤＮＡ鎖上の遺伝暗号は、漏れなくｍＲＮＡによって写し取られ、ｍＲＮＡはＤＮＡから離れて細胞質中でリボソームを介してタンパク質を合成するのである（154頁図６・９参照）。

　ここで私が強調したいのは、大自然はしばしば、ある特定の生物に並外れて巨大な組織を作り出し、人類にその神秘を垣間見る機会を与えることである。遺伝学を例にとれば、まずメンデルが発見した「遺伝子」の実態が、ショウジョウバエの巨大唾液腺染色体に、光学顕微鏡で研究可能な形で表れていたことが挙げられる。米国のモーガンはこの材料を用いて、巨大染色体上に「遺伝子分布地図」を作製することができた。

このように大自然は、しばしば探求心に富む研究者の願いに応えるかのように、その神秘の一端をのぞかせてくれるのである。私の考えでは、もしある研究者がこのランプブラシ染色体に興味を持ち、これを分析して核酸からなることを発見していたら、セントラルドグマに別な方向から近づけたのではないだろうか。

いずれにせよ、生物の機能に関わる大自然の数々の神秘は、最も観察・研究に適した材料を選ぶことによって発展するのである。つまり本書で繰り返し述べた「一般生理学の研究の常道」に従い、最も目的に適した実験対象を選ばねばならない。

この常道の無視により、我が国の脳研究は停滞している。また、ヒトゲノム計画により判明した夥しい種類のタンパク質も、所詮は生体を構築するタンパクが列記されたに過ぎない。建築でいえば、建物の部材が列記されたに過ぎない。

この段階から、さらに奥に進むには、分子生物学の前面に立ちはだかる難問「リボソームから産み落とされたタンパク質が、いかにして生体の構造を形成するか」を解明するしかない。

欧米では以前から、「Protein folding（タンパク質の折りたたみ）」という研究分野があり、毎年多くの学術誌に論文が掲載される。この研究分野の対象は、「リボソームから産み落とされたタンパク質が、いかにして当初のランダムな構造を細胞質中で変化させ、生理的活性を持つホルモンや神経伝達物質になるか」のしくみの解明である。

このような研究は、すでに私が指摘した「生体の構造形成の謎」を意識しており、それを解明する研究に発展し得るのである。

ところが私は、我が国の学者がこの分野の研究に積極的に参入するのを見たことがない。ここでも、我が国の分子生物学者の問題意識の欠如を感じずにはいられない。

十三・三　我が国の研究分野の盲点「Liquid Cell Electron Microscopy」とは

本節で説明する「Liquid Cell Electron Microscopy（液体実験槽電子顕微鏡実験法）」は、欧米の材料科学（Materials science）の研究分野で広く用いられている研究法で、無機化合物の溶液中での反応を実時間(リアルタイム)で電子顕微鏡下に観察、記録するものである。しかし私の知る限り、我が国の材料科学者で、この実験法を用いている研究者は見当たらない。

とはいえ我が国では、日本大学の深見《ふかみ》章《あきら》教授が苦心の末、一気圧の圧力差に耐える炭素薄膜の開発に成功し、この炭素絶縁膜により電子顕微鏡内の高真空から絶縁された「ガス雰囲気試料室」を私の研究グループが利用して、水溶液内の「生きた」筋肉ミオシンフィラメント上のミオシン頭部の、ATP加水分解と共役した運動の電顕下の可視化と測定に成功した。

この件については、すでに拙著『現代医学に残された七つの謎——研究者の挑戦を拒み続ける人体の神秘』（講談社ブルーバックス）、『筋収縮の謎——研究の歴史とこれからの課題』（東京大学出版会）などで詳しく説明しており、また一部は本書の第九章に、科学記事として示した。

さて、すでに拙著（『論文捏造はなぜ起きたのか？』）にも記したように、我が国の日本顕微鏡学会は我々の研究に対し冷淡であったが、欧米の材料科学者はこれを高く評価し、二〇〇〇年、米国海軍の研究所（John C. Stennis Space Center）が、日本電子の「ガス雰囲気試料室システム」を購入したのを機会に、米国の「Liquid Cell Electron Microscopy」を行う研究者が、この研究所に集まってシンポジウムを開いた。私はこの実験法を生命科学分野の研究に使用して成功したので、この集会に招かれ発表し、大きな反響があった（図13・2）。そしてこの集会参加者たちは、この海軍研究所を拠点として研究を進める計画であった。

だが残念なことに、研究所の代表者が交代すると、外部の研究者が研究をすることが禁止

図13･2　(上) ステニス・スペースセンター構内への入構証、(下) ステニス・スペースセンターでのシンポジウムのプログラム

EM at the Frontier
Naval Research Laboratory TEM Symposium

Chaired by Bhakta Rath, Associate Director of Research, Naval Research Laboratory
and
Eric A. Stach, National Center for Electron Microscopy,
Lawrence Berkeley National Laboratory, University of California

Coffee and donuts with informal conversation prior to the formal start at 9:00 AM

Welcome, Introduction of Co-Chairs:
Herbert C. Eppert, Jr., Superintendent, NRL Marine Geosciences Division

Presentations:
Larry Allard, Oak Ridge National Laboratory, "Aberration Correction for High Resolution Imaging and Advanced Analytical Electron Microscopy"
Yoko Furukawa, NRL, "Ultrastructure of Aquatic Sediments and Its Effect on Early Diagenesis"
Frances Ross, IBM Watson Research Center, "In situ Microscopy of Electrochemical Deposition of Copper."
Haro Sugi, Teikyo University, "The Use of Gas Environmental Chamber to Study Mechanisms of Muscle Contraction"
Judith Yang, University of Pittsburgh, "Heteroepitaxy: The Missing Link between Surface Chemistry and Dry Corrosion"

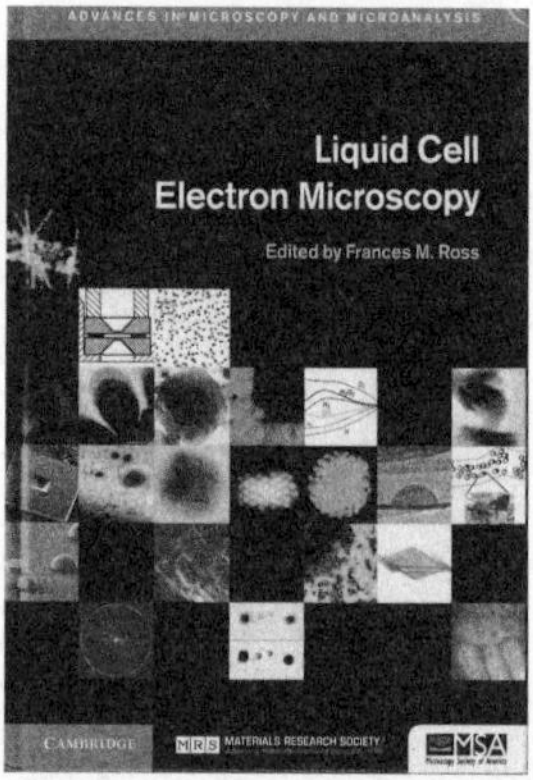

図13・3　米国材料学会が出版した『Liquid Cell Electron Microscopy』（ケンブリッジ大学出版局）の表紙

されてしまった。

しかし、欧米の「Liquid Cell Electron Microscopy」の分野の研究は、電顕内の高真空から試料を絶縁するSi・N化合物の薄膜が開発されるとともに進展し、二〇一〇年、この研究分野の成果をまとめた本、『Liquid Cell Electron Miroscopy』がケンブリッジ大学出版局から出版された（図13・3）。この本に記載されている研究成果は、我々のガス雰囲気試料室による研究が、唯一の生体機能を解明した成功例である。

十三・四　「Liquid Cell Electron Microscopy」による細胞内の構造形成の謎の解明案

ここで、この我々が使用したガス雰囲気試料室（Gas environmental chamber：略称EC）を使用した我々の研究を説明し、次いで、リボソームで合成されたタンパク質が細胞の

図13・4　ガス雰囲気試料室の模式図

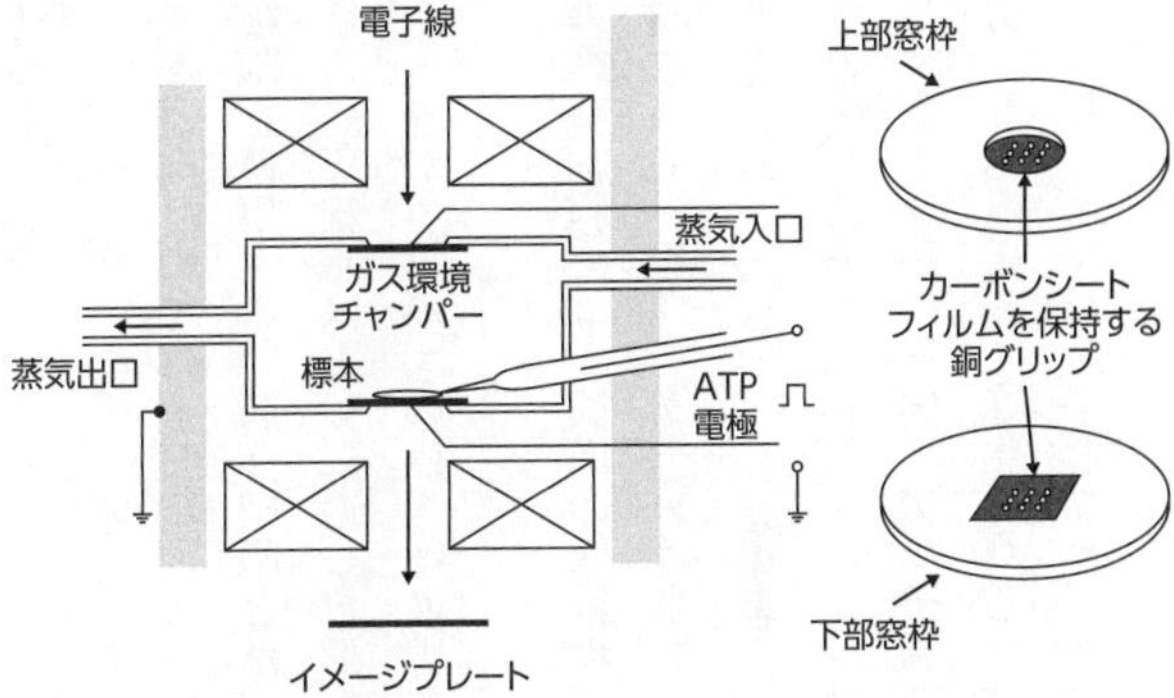

「生きたミオシンフィラメント上のミオシン頭部の、ATP加水分解と共役した運動の記録」に適している。

構造を形成する過程を研究する私のアイデアについて述べよう。

図13・4に示すように、ECは電子顕微鏡に取り付けられ、上下の開口部にEC内部の試料を電顕内の高真空から絶縁する炭素絶縁膜が、金属板に貼られている。

試料は下部の絶縁膜上に、周囲の実験液とともに置かれている。試料（生きたミオシンフィラメント）にATPを与えるため、ATP溶液を含むガラス微小電極（ATP電極）に電流を流し、負に荷電したATPイオンをその先端から放出させる。ミオシンフィラメント上のミオシン頭部は、抗体を介して付着させた金粒子により標識されている。試料の電顕像は高感度記録装置（Imaging plate）

により記録される。

さて本研究計画では、ＥＣ内には実験試料として、発生を開始する段階の筋肉（骨格筋）の芽細胞を使用する。筋芽細胞とは、これから筋細胞に分化しようとする未分化の細胞である。この筋芽細胞は実験に適した形態のものを、種々の動物から選ぶことが必要である。かつてショウジョウバエの巨大唾液腺染色体が、染色体上の遺伝子マップの作成に役立ったように。

この筋芽細胞では、筋肉の収縮性タンパク質、アクチンとミオシンが、リボソームで盛んに合成されている。アクチンはまず、アミノ酸がつながったポリペプチドとして細胞質中に産み落とされ、ついでタンパク質の折りたたみ機構により球状のアクチン分子（Ｇアクチン）となり、さらにこのＧアクチンは集合して、長い二重ラセン（Ｆアクチン）を形成する。このＦアクチンが、筋肉のアクチンフィラメントである（図13・５Ａ）。

一方、リボソームで産生される一群のポリペプチド鎖は、やはりタンパク質の折りたたみ機構によりミオシン分子となり、ついでミオシン分子は重合してミオシンフィラメントとなる（図13・５Ｂ）。

図13·5　筋フィラメント立体格子構造の形成

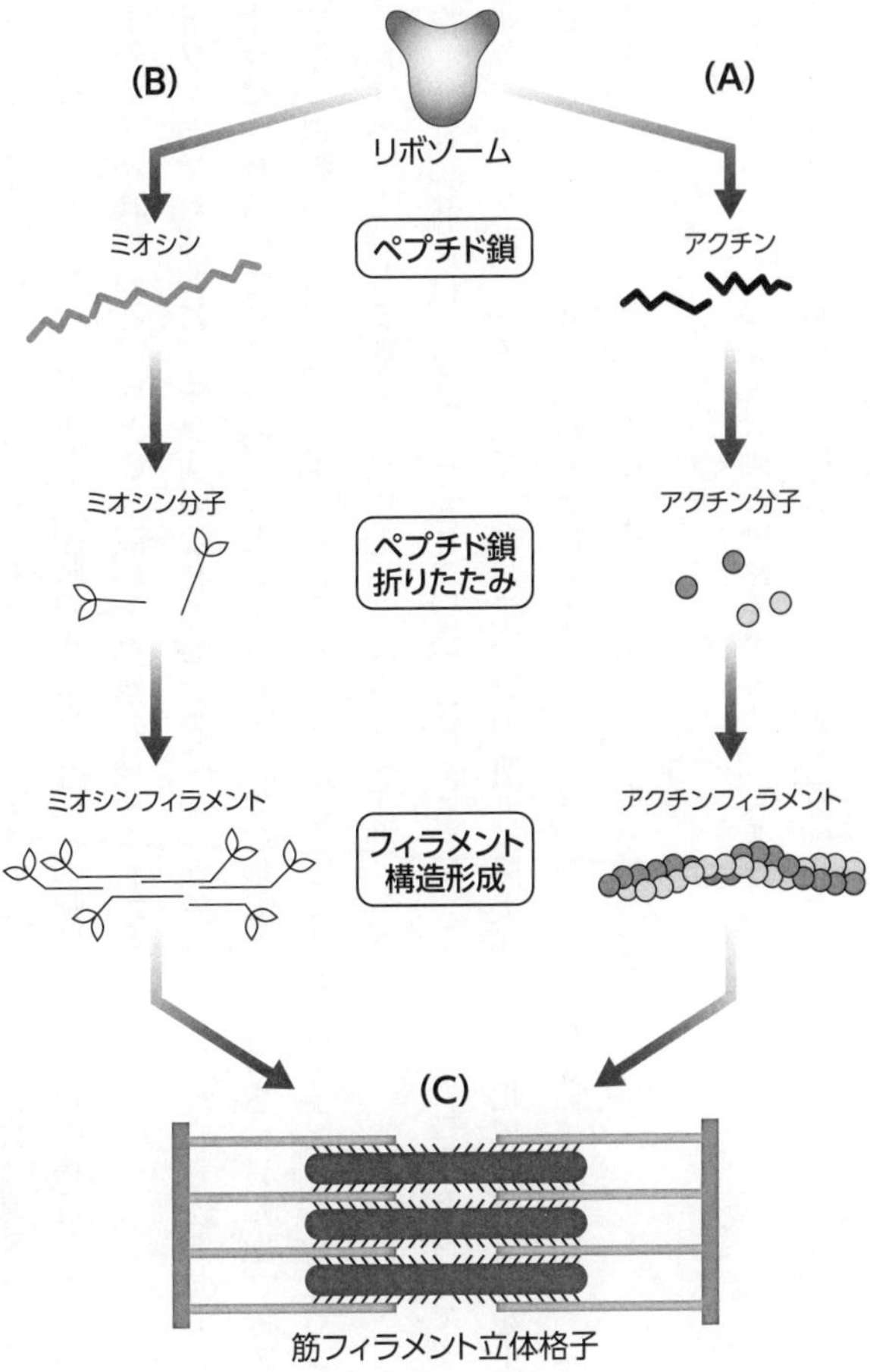

さらにこれらの筋フィラメントは、他のタンパク質も加えて、規則的な立体格子構造を形成する（図13・5Ｃ）。このような細胞の構造形成は、細胞質内の未知の物質と未知のしくみによって行われている。何という深い大自然の神秘であろう。

ワトソンとは対照的に、生真面目な真の研究者であったクリックは、自らが発見したＤＮＡ二重ラセン構造の意味を追求し、セントラルドグマの樹立にまでこぎつけたが、その先に屹立する、細胞の構造形成の謎を認識し、これにひるんだことだろう。そして彼は、「脳研究に転向する」と称して研究から引退し、間もなく生涯を終えた。

しかし現在の我々は、この「Lquide Cell Electron Microscopy」の技術を持っており、私の研究グループは、この技術で生命科学分野の研究に成果を挙げ、世界の最先端を走っていると自負している。我が国特有の研究費審査システムにより、無知な審査員から、「準備不足である」との一言で葬り去られるのはあまりにも不条理である。

ここではさらに、私の研究計画の概略を箇条書きでまとめてみる。

生きた筋芽細胞の細胞質における「ペプチド鎖→収縮性タンパク分子→筋フィラメント→筋フィラメント立体格子」の構造形成の経過を追うことは、以下の手段により十分可能である。

（一）生きた筋芽細胞にはなるべく扁平（厚みの小さい）試料を用いる。

（二）細胞内の形態形成の観察・記録のため、高圧電子顕微鏡を使用する。

（三）試料像の記録には、すでに欧米でも我が国でも開発されている強力なパルス光を使用する。このパルス光の持続時間は一マイクロ秒以下で、高感度画像記録装置と組み合わせれば、生物試料を電子線による損傷なしに多数の画像記録が可能である。

（四）細胞質中の構造形成過程を遅らせ、観察・記録を容易にするため、細胞周囲の温度を下げる。また構造形成の速度を低下させる薬物があれば、これを使用する。

（五）構造形成反応を任意の時点で急速にストップさせるため、ＥＣに装着されている電極を介して適当な薬物を試料に与える。

（六）試料の細胞質における繊維状の筋フィラメント形成は、光学位相差顕微鏡の原理を電顕に応用した技術が、すでに我が国の永山國昭《ながやまくにあき》氏により開発されているという。この装置が利用可能なら、強力な研究手段となるだろう。

（七）細胞内の筋フィラメント格子が形成される過程の記録・解析は、試料に照射する電子線による回折像が記録可能で、極めて有効であろう。

（八）筋肉の収縮性タンパク質の重合による筋フィラメント形成過程については、すでに多くの知見が得られている。これは得られた結果の解釈に役立つ。
（九）右記の実験により、細胞質における構造形成を調節する謎の因子が明らかになってゆくだろう。こうしてクリックをひるませた構造形成の深い謎が解けてゆくであろう。

私が大学生の頃から、パーキンソン病は脳内のドーパミン産生細胞がその機能を失うことによって起こることがすでに知られていた。しかし現在でも、他の遺伝子異常による疾患と同様に、この病気を完治させる治療法は見出されていない。細胞質における構造形成の謎が解ければ、遺伝子の異常による多くの疾患を完治させる道が開けるであろう。

こうして、セントラルドグマの前に立ちはだかる「細胞質における構造形成の謎」はその実態が把握され、種々の遺伝子疾患の完治への道が大きく開けるであろう。その日が早く来ることを願わずにはいられない。

おわりに

私は研究者として、まず東京大学理学部大学院生として五年、ついで同大学医学部助手として、二年間の米国留学期間を含めて十二年、さらに私立大学医学部教授として三十年を過ごした。勤務先を定年退職後も、共同研究者に恵まれ研究を続けている。研究生活を合算すると六十年を超える。

この間私は、主として筋肉の収縮機構の研究を行ってきた。我が国のこの研究分野の研究者数は世界的に見て多くはないが、現在もその研究レベルは高く、欧米に対し遜色がない。また、生体の電気現象の分野では、我が国の神経生理学は、田崎一二の研究を頂点として、長いこと世界的に超一流の研究レベルを保持していた。

しかしこの分野の学問が行き着くところまで達してしまうと、これまで我が国では微々たる存在であった、遺伝現象を扱う分子生物学者が急速に研究者数を増やし、「時流に乗って」巨額の研究費を獲得するようになった。そして文科省による国立大学の独立行政法人化が強行されたのである。

私の勤務先は私立大学だったので、国立大学の友人たちが国立大学の行政法人化に対し、「大学存亡の危機だ」と騒ぐのを、あたかも対岸の火事を眺めるように聞き流してきた。しかし数年前に、光文社から『論文捏造はなぜ起きたのか？』という本を出版する際、資料集めの過程で、本書に記したような、我が国における生命科学が周回遅れどころか滅亡の危機にあることを悟って愕然としたのである。

そして私は、前著『論文捏造はなぜ起きたのか？』のいわば続編として、本書の執筆を思い立った。そして、前著では触れなかった、我が国の生命科学研究の興亡史を辿ってみた。すると、今や我が国の生命科学の主流ともいうべき分子生物学分野の研究者の、終始一貫した不毛な研究態度に行きあたった。そしてこの事態を改める方策を私なりに考え、提案した。

私は八十八歳になるが、まだまだ頭の活動は衰えていないつもりで研究を続けている。しかし年ごとに衰える身体機能から見て、この辺で私が長い研究生活で体験したことを、率直に本書に記すことにした。本書のある部分で記した、我が国の有力教授の利己的な振舞いは、私にしか書けないことである。当時の人々の多くはすでに物故されたので、このようなことが二度と起こらないように、との願いを込めて、敢えて書かせていただくことにした。

本書は、私が次世代の研究者に残す遺言のようなものである。本書が我が国の生命科学の再生に少しでも貢献することを願ってやまない。

【参考文献】

飯沼和正、菅野富夫著『高峰譲吉の生涯――アドレナリン発見の真実』朝日選書、二〇〇〇年

色川大吉著『日本の歴史21　近代国家の出発』中公文庫、二〇〇六年

井上清著『日本の歴史20　明治維新』中公文庫、二〇〇六年

梅溪昇著『お雇い外国人』講談社学術文庫、二〇〇七年

榎木英介著『嘘と絶望の生命科学』文春新書、二〇一四年

草原克豪著『大学の危機――日本は21世紀の人材を養成しているか』弘文堂、二〇一〇年

黒田俊雄著『日本の歴史8　蒙古襲来』中公文庫、二〇〇四年

坂井孝一著『承久の乱――真の「武者の世」を告げる大乱』中公新書、二〇一八年

柴谷篤弘著『生物学の革命』みすず書房、一九六〇年

篠田達明著『闘う医魂――小説・北里柴三郎』文藝春秋、一九九四年

H・F・ジャドソン著『分子生物学の夜明け――生命の秘密に挑んだ人たち　上下』野田春彦訳、東京化学同人、一九八二年

【参考文献】

杉晴夫著『筋肉はふしぎ——力を生み出すメカニズム』講談社ブルーバックス、二〇〇三年

杉晴夫著『生体電気信号とはなにか——神経とシナプスの科学』講談社ブルーバックス、二〇〇六年

杉晴夫著『現代医学に残された七つの謎——研究者の挑戦を拒み続ける人体の神秘』講談社ブルーバックス、二〇〇九年

杉晴夫著『神経とシナプスの科学——現代脳研究の源流』講談社ブルーバックス、二〇一五年

杉晴夫著『筋肉は本当にすごい——すべての動物に共通する驚きのメカニズム』講談社ブルーバックス、二〇一八年

杉晴夫著『筋収縮の謎——研究の歴史とこれからの課題』東京大学出版会、二〇二一年

杉晴夫著『論文捏造はなぜ起きたのか？』光文社新書、二〇一四年

砂川幸雄著『第1回ノーベル賞候補　北里柴三郎の生涯』NTT出版、二〇〇三年

竹内理三著『日本の歴史6　武士の登場』中公文庫、二〇〇四年

田崎一二著『神経生理学序説』三共出版社、一九四八年

R・J・デュボス著『遺伝子発見伝』田沼靖一訳、小学館、一九九八年

ジェームス・D・ワトソン著『二重らせん——DNAの構造を発見した科学者の記録』江上不二夫、中村桂子訳、講談社ブルーバックス、二〇一二年

【写真クレジット】

図3・2（59頁）：Photo by Bengt Nyman - Satoshi Ōmura Nobel Laureate in medicine in Stockholm December 2015 / CC BY - SA 4.0
https://commons.wikimedia.org/w/index.php?curid=45489848

図4・9（101頁）：Photo by Paul Brehm - Susumu Hagiwara / CC BY - SA 4.0
https://commons.wikimedia.org/w/index.php?curid=93559594

図5・1（114頁）：伊藤正男、出典・日本学士院ホームページ

図6・1（140頁）：エイブリー、出典・アメリカ国立医学図書館（U.S. National Library of Medicine）

杉晴夫（すぎはるお）

1933年東京生まれ。東京大学医学部助手を経て、米国コロンビア大学、米国国立衛生研究所（NIH）に勤務ののち、帝京大学医学部教授、2004年より同名誉教授。現在も筋収縮研究の現役研究者として活躍。編著書に『人体機能生理学』『運動生理学』（以上、南江堂）、『筋収縮の謎』（東京大学出版会）、『筋肉はふしぎ』『生体電気信号とはなにか』『ストレスとはなんだろう』『栄養学を拓いた巨人たち』（以上、講談社ブルーバックス）、『論文捏造はなぜ起きたのか？』（光文社新書）、『天才たちの科学史』（平凡社新書）、Current Methods in Muscle Physiology（Oxford University Press）など多数。日本動物学会賞、日本比較生理生化学会賞などを受賞。1994年より10年間、国際生理科学連合筋肉分科会委員長。

日本《にほん》の生命《せいめい》科学《かがく》はなぜ周回遅《しゅうかいおく》れとなったのか

国際的筋肉学者《こくさいてききんにくがくしゃ》の回想《かいそう》と遺言《ゆいごん》

2022年4月30日初版1刷発行

著　者 —— 杉晴夫

発行者 —— 田邉浩司

装　幀 —— アラン・チャン

印刷所 —— 萩原印刷

製本所 —— ナショナル製本

発行所 —— 株式会社光文社
東京都文京区音羽1-16-6(〒112-8011)
https://www.kobunsha.com/

電　話 —— 編集部03(5395)8289　書籍販売部03(5395)8116
業務部03(5395)8125

メール —— sinsyo@kobunsha.com

ISBN 978-4-334-04605-7

1173

JJとその時代

女のコは雑誌に何を夢見たのか

鈴木涼美

JJに象徴される雑誌は、なぜ多くの女性の心をとらえたのか。単なるファッション情報だけではない、女性が託したもの、夢見たものとは何か。雑誌の時代への限りない愛着をこめた挽歌。

978-4-334-04583-8

1174

〈問い〉から始めるアート思考

吉井仁実

「問い」は「答え」より大きな力を持つ。生きることは「問い」の模索である——。「目に見えないものを見る」には？ アートディレクターと考える、アイデア&イノベーションの育み方。

978-4-334-04581-4

1175

オリックスはなぜ優勝できたのか

苦闘と変革の25年

喜瀬雅則

下馬評を大きく覆し、2年連続最下位からのペナント制覇は、いかに成し遂げられたのか？ 逆に、なぜかくも長き暗黒時代が続いたのか？ 元番記者が豊富な取材で綴る。

978-4-334-04582-1

1176

ヘーゲル哲学に学ぶ考え抜く力

川瀬和也

哲学の基本スキルである「考え抜く力」は、同時に人生一〇〇年時代の「社会人基礎力」でもある。十九世紀ドイツのヘーゲル哲学が、二十一世紀のビジネスに〝効く〟理由とは？

978-4-334-04585-2

1177

田舎はいやらしい

地域活性化は本当に必要か？

花房尚作

「地域活性化は正しい」——これは都会に住む者の勝手な思い込みでは？ 過疎地域在住12年の著者が、現地での調査やインタビューをもとに過疎地域の〝本音と建前〟を鋭く描き出す。

978-4-334-04588-3

1178
ルポ 座間9人殺害事件
被害者はなぜ引き寄せられたのか
渋井哲也

判決から1年――。わずか2カ月で9人が犠牲になった「座間9人殺害事件」はなぜ起きたのか。若者の生きづらさを長年取材してきた著者が、被害者の心情にも迫りながら再検証する。

978-4-334-04586-9

1179
メタバースとは何か
ネット上の「もう一つの世界」
岡嶋裕史

フェイスブックはなぜ「メタ（Meta）」に社名変更したのか？ ITのわかりやすい解説に定評のある著者が、話題の「メタバース」の基礎から未来の可能性までを語る。

978-4-334-04584-5

1180
「非会社員」の知られざる稼ぎ方
村田らむ

これまでにないジャンルに根を張って、長年自営で生活している人がいる。自分で敷いたレールの上にあるマネタイズ方法を、特殊分野で自営を続けるライター・村田らむが紡ぐ。

978-4-334-04587-6

1181
「廃炉」という幻想
福島第一原発、本当の物語
吉野実

増え続ける処理水、不可能に近いデブリ取り出し、行く先のない事故炉の廃棄物…なぜ国や東電は廃炉「できる」との幻想を広め続けるのか。長年の取材から「誰も触れない真実」に迫る。

978-4-334-04589-0

1182
サッカー店長の戦術入門
「ポジショナル」VS.「ストーミング」の未来
龍岡歩

ペップ、クロップ、ナーゲルスマン……。日々進化を続ける現代サッカーの行きつく先を、名将たちの知恵比べから読みとく。サッカー未経験、異色の戦術分析官による初の著書。

978-4-334-04590-6

光文社新書

1183
感染症としての文学と哲学
福嶋亮大

文学者や哲学者がいかに感染症=病のイメージを自らの思考に取り入れてきたか。病とは人にとって何なのか。病気とともに生きてきた人間の一側面を鮮やかに切り取る病の文化史。

978-4-334-04591-3

1184
学校では学力が伸びない本当の理由
林純次

教育界のブラック化、教員の低レベル化、毒親の変異化、児童・生徒の二極化、カリキュラムのカオス化——8万部『残念な教員』著者による危機の教育論。より良い教育の実現のために。

978-4-334-04592-0

1185
歴史検証 なぜ日本の野党はダメなのか?
「自民党一強」を支える構造
倉山満

自民党の〝政権独占〟は「無能な野党」に支えられている——。民主政治の本来の姿とは何か。私たち有権者ができることは何か。政治を諦めないために憲政史家が歴史を遡って検証する。

978-4-334-04593-7

1186
鎌倉幕府と室町幕府
最新研究でわかった実像
山田徹　谷口雄太
木下竜馬　川口成人

従来の中世史の常識を覆す研究が次々と発表される昨今、新進気鋭の研究者四名が、最新の学説をまとめて二つの幕府の実像を明らかにする。すべての歴史愛好家注目の一冊。

978-4-334-04594-4

1187
中国が世界を牛耳る100の分野
日本はどう対応すべきか
高橋五郎

深まる米中対立。しかし、「一帯一路」をはじめ中国の現状を見れば、どちらが勝者かは一目瞭然だ。なぜここまで国力を伸ばせたのか。その源泉を中国研究40年の著者が明らかにする。

978-4-334-04595-1

1188
弱くても稼げます
シン・サッカークラブ経営論

小山淳　入山章栄　松田修一　阿久津聡

真に地域に密着し、安定と成長を実現する方程式はあるのか。サッカークラブを起ち上げ5年でJリーグ入りさせた起業家が、第一線の経営学者たちと語るスポーツ産業の未来地図。

978-4-334-04596-8

1189
「現代写真」の系譜
写真家たちの肉声から辿る

圓井義典

私たちはさまざまなジャンルの写真に囲まれて暮らしている。本書では「現代写真」に着目し、日本を代表する写真家たちが何を模索し、何を語ってきたのかを辿ることで流れを一望する。

978-4-334-04597-5

1190
ネットで故人の声を聴け
死にゆく人々の本音

古田雄介

故人が生前残したブログやHP、SNSからは死に際しての隠せぬ本音が見え隠れする。故人がインターネットに残した足跡とどう向き合うべきか？　15の事例から迫っていく。

978-4-334-04598-2

1191
女性自衛官
キャリア、自分らしさと任務遂行

上野友子　武石恵美子

「命を懸けてでもこの国を守る」と誓う傍ら、母親として家族も守る自衛官たちが見出した、究極のワークライフバランスとは？　女性自衛官の生の声にみる新・女性キャリア論。

978-4-334-04599-9

1192
映画を早送りで観る人たち
ファスト映画・ネタバレ——コンテンツ消費の現在形

稲田豊史

映画を早送りする視聴スタイルの背景には、現在の巨大な消費社会の存在があった。人々がそうせざるを得ない切実さに向き合い、コンテンツ受容の変化を徹底的に取材した意欲作。

978-4-334-04600-2